"十二五"国家重点出版规划项目
雷达与探测前沿技术丛书

数字阵列雷达

Digital Array Radar

葛建军　张春城　编著

国防工业出版社
·北京·

内 容 简 介

本书系统介绍数字阵列雷达原理、组成、特点,阐述数字阵列雷达系统设计、有源收发、信号处理等技术。全书共6章。第1章介绍数字阵列雷达的体制演变与技术发展;第2章介绍数字阵列雷达原理与特点;第3～5章分别阐述数字阵列雷达的系统设计技术、有源收发技术、信号处理技术;第6章讨论数字阵列雷达技术的应用与发展。

读者对象:雷达专业的高校师生及雷达研制领域的科技工作者。

图书在版编目(CIP)数据

数字阵列雷达 / 葛建军,张春城编著. —北京:国防工业出版社,2017.12(2022.7 重印)
(雷达与探测前沿技术丛书)
ISBN 978-7-118-11487-4

Ⅰ.①数… Ⅱ.①葛… ②张… Ⅲ.①阵列雷达–研究 Ⅳ.①TN959

中国版本图书馆 CIP 数据核字(2018)第 008361 号

※

国防工业出版社出版发行
(北京市海淀区紫竹院南路23号 邮政编码100048)
北京虎彩文化传播有限公司印刷
新华书店经售

*

开本 710×1000 1/16 插页 7 印张 12¼ 字数 213 千字
2022 年 7 月第 1 版第 2 次印刷 印数 3001—3800 册 定价 68.00 元

(本书如有印装错误,我社负责调换)

国防书店:(010)88540777　　　　发行邮购:(010)88540776
发行传真:(010)88540755　　　　发行业务:(010)88540717

"雷达与探测前沿技术丛书"
编审委员会

主　　　任	左群声				
常务副主任	王小谟				
副　主　任	吴曼青	陆　军	包养浩	赵伯桥	许西安
顾　　　问 （按姓氏拼音排序）	贲　德	郝　跃	何　友	黄培康	毛二可
	王　越	吴一戎	张光义	张履谦	
委　　　员 （按姓氏拼音排序）	安　红	曹　晨	陈新亮	代大海	丁建江
	高梅国	高昭昭	葛建军	何子述	洪　一
	胡卫东	江　涛	焦李成	金　林	李　明
	李清亮	李相如	廖桂生	林幼权	刘　华
	刘宏伟	刘泉华	柳晓明	龙　腾	龙伟军
	鲁耀兵	马　林	马林潘	马鹏阁	皮亦鸣
	史　林	孙　俊	万　群	王　伟	王京涛
	王盛利	王文钦	王晓光	卫　军	位寅生
	吴洪江	吴晓芳	邢海鹰	徐忠新	许　稼
	许荣庆	许小剑	杨建宇	尹志盈	郁　涛
	张晓玲	张玉石	张召悦	张中升	赵正平
	郑　恒	周成义	周树道	周智敏	朱秀芹

编辑委员会

主　　　编	王小谟	左群声			
副　主　编	刘　劲	王京涛	王晓光		
委　　　员 （按姓氏拼音排序）	崔　云	冯　晨	牛旭东	田秀岩	熊思华
	张冬晔				

总 序

雷达在第二次世界大战中初露头角。战后,美国麻省理工学院辐射实验室集合各方面的专家,总结战争期间的经验,于1950年前后出版了一套雷达丛书,共28个分册,对雷达技术做了全面总结,几乎成为当时雷达设计者的必备读物。我国的雷达研制也从那时开始,经过几十年的发展,到21世纪初,我国雷达技术在很多方面已进入国际先进行列。为总结这一时期的经验,中国电子科技集团公司曾经组织老一代专家撰著了"雷达技术丛书",全面总结他们的工作经验,给雷达领域的工程技术人员留下了宝贵的知识财富。

电子技术的迅猛发展,促使雷达在内涵、技术和形态上快速更新,应用不断扩展。为了探索雷达领域前沿技术,我们又组织编写了本套"雷达与探测前沿技术丛书"。与以往雷达相关丛书显著不同的是,本套丛书并不完全是作者成熟的经验总结,大部分是专家根据国内外技术发展,对雷达前沿技术的探索性研究。内容主要依托雷达与探测一线专业技术人员的最新研究成果、发明专利、学术论文等,对现代雷达与探测技术的国内外进展、相关理论、工程应用等进行了广泛深入研究和总结,展示近十年来我国在雷达前沿技术方面的研制成果。本套丛书的出版力求能促进从事雷达与探测相关领域研究的科研人员及相关产品的使用人员更好地进行学术探索和创新实践。

本套丛书保持了每一个分册的相对独立性和完整性,重点是对前沿技术的介绍,读者可选择感兴趣的分册阅读。丛书共41个分册,内容包括频率扩展、协同探测、新技术体制、合成孔径雷达、新雷达应用、目标与环境、数字技术、微电子技术八个方面。

(一)雷达频率迅速扩展是近年来表现出的明显趋势,新频段的开发、带宽的剧增使雷达的应用更加广泛。本套丛书遴选的频率扩展内容的著作共4个分册:

(1)《毫米波辐射无源探测技术》分册中没有讨论传统的毫米波雷达技术,而是着重介绍毫米波热辐射效应的无源成像技术。该书特别采用了平方千米阵的技术概念,这一概念在用干涉式阵列基线的测量结果来获得等效大口径阵列效果的孔径综合技术方面具有重要的意义。

(2)《太赫兹雷达》分册是一本较全面介绍太赫兹雷达的著作,主要包括太赫兹雷达系统的基本组成和技术特点、太赫兹雷达目标检测以及微动目标检测技术,同时也讨论了太赫兹雷达成像处理。

(3)《机载远程红外预警雷达系统》分册考虑到红外成像和告警是红外探测的传统应用,但是能否作为全空域远距离的搜索监视雷达,尚有诸多争议。该书主要讨论用监视雷达的概念如何解决红外极窄波束、全空域、远距离和数据率的矛盾,并介绍组成红外监视雷达的工程问题。

(4)《多脉冲激光雷达》分册从实际工程应用角度出发,较详细地阐述了多脉冲激光测距及单光子测距两种体制下的系统组成、工作原理、测距方程、激光目标信号模型、回波信号处理技术及目标探测算法等关键技术,通过对两种远程激光目标探测体制的探讨,力争让读者对基于脉冲测距的激光雷达探测有直观的认识和理解。

(二)传输带宽的急剧提高,赋予雷达协同探测新的使命。协同探测会导致雷达形态和应用发生巨大的变化,是当前雷达研究的热点。本套丛书遴选出协同探测内容的著作共10个分册:

(1)《雷达组网技术》分册从雷达组网使用的效能出发,重点讨论点迹融合、资源管控、预案设计、闭环控制、参数调整、建模仿真、试验评估等雷达组网新技术的工程化,是把多传感器统一为系统的开始。

(2)《多传感器分布式信号检测理论与方法》分册主要介绍检测级、位置级(点迹和航迹)、属性级、态势评估与威胁估计五个层次中的检测级融合技术,是雷达组网的基础。该书主要给出各类分布式信号检测的最优化理论和算法,介绍考虑到网络和通信质量时的联合分布式信号检测准则和方法,并研究多输入多输出雷达目标检测的若干优化问题。

(3)《分布孔径雷达》分册所描述的雷达实现了多个单元孔径的射频相参合成,获得等效于大孔径天线雷达的探测性能。该书在概述分布孔径雷达基本原理的基础上,分别从系统设计、波形设计与处理、合成参数估计与控制、稀疏孔径布阵与测角、时频相同步等方面做了较为系统和全面的论述。

(4)《MIMO雷达》分册所介绍的雷达相对于相控阵雷达,可以同时获得波形分集和空域分集,有更加灵活的信号形式,单元间距不受$\lambda/2$的限制,间距拉开后,可组成各类分布式雷达。该书比较系统地描述多输入多输出(MIMO)雷达。详细分析了波形设计、积累补偿、目标检测、参数估计等关键技术。

(5)《MIMO雷达参数估计技术》分册更加侧重讨论各类MIMO雷达的算法。从MIMO雷达的基本知识出发,介绍均匀线阵,非圆信号,快速估计,相干目标,分布式目标,基于高阶累计量的、基于张量的、基于阵列误差的、特殊阵列结构的MIMO雷达目标参数估计的算法。

(6)《机载分布式相参射频探测系统》分册介绍的是MIMO技术的一种工程应用。该书针对分布式孔径采用正交信号接收相参的体制,分析和描述系统处理架构及性能、运动目标回波信号建模技术,并更加深入地分析和描述实现分布式相参雷达杂波抑制、能量积累、布阵等关键技术的解决方法。

(7)《机会阵雷达》分册介绍的是分布式雷达体制在移动平台上的典型应用。机会阵雷达强调根据平台的外形,天线单元共形随遇而布。该书详尽地描述系统设计、天线波束形成方法和算法、传输同步与单元定位等关键技术,分析了美国海军提出的用于弹道导弹防御和反隐身的机会阵雷达的工程应用问题。

(8)《无源探测定位技术》分册探讨的技术是基于现代雷达对抗的需求应运而生,并在实战应用需求越来越大的背景下快速拓展。随着知识层面上认知能力的提升以及技术层面上带宽和传输能力的增加,无源侦察已从单一的测向技术逐步转向多维定位。该书通过充分利用时间、空间、频移、相移等多维度信息,寻求无源定位的解,对雷达向无源发展有着重要的参考价值。

(9)《多波束凝视雷达》分册介绍的是通过多波束技术提高雷达发射信号能量利用效率以及在空、时、频域中减小处理损失,提高雷达探测性能;同时,运用相位中心凝视方法改进杂波中目标检测概率。分册还涉及短基线雷达如何利用多阵面提高发射信号能量利用效率的方法;针对长基线,阐述了多站雷达发射信号可形成凝视探测网格,提高雷达发射信号能量的使用效率;而合成孔径雷达(SAR)系统应用多波束凝视可降低发射功率,缓解宽幅成像与高分辨之间的矛盾。

(10)《外辐射源雷达》分册重点讨论以电视和广播信号为辐射源的无源雷达。详细描述调频广播模拟电视和各种数字电视的信号,减弱直达波的对消和滤波的技术;同时介绍了利用GPS(全球定位系统)卫星信号和GSM/CDMA(两种手机制式)移动电话作为辐射源的探测方法。各种外辐射源雷达,要得到定位参数和形成所需的空域,必须多站协同。

（三）以新技术为牵引，产生出新的雷达系统概念，这对雷达的发展具有里程碑的意义。本套丛书遴选了涉及新技术体制雷达内容的 6 个分册：

（1）《宽带雷达》分册介绍的雷达打破了经典雷达 5MHz 带宽的极限，同时雷达分辨力的提高带来了高识别率和低杂波的优点。该书详尽地讨论宽带信号的设计、产生和检测方法。特别是对极窄脉冲检测进行有益的探索，为雷达的进一步发展提供了良好的开端。

（2）《数字阵列雷达》分册介绍的雷达是用数字处理的方法来控制空间波束，并能形成同时多波束，比用移相器灵活多变，已得到了广泛应用。该书全面系统地描述数字阵列雷达的系统和各分系统的组成。对总体设计、波束校准和补偿、收/发模块、信号处理等关键技术都进行了详细描述，是一本工程性较强的著作。

（3）《雷达数字波束形成技术》分册更加深入地描述数字阵列雷达中的波束形成技术，给出数字波束形成的理论基础、方法和实现技术。对灵巧干扰抑制、非均匀杂波抑制、波束保形等进行了深入的讨论，是一本理论性较强的专著。

（4）《电磁矢量传感器阵列信号处理》分册讨论在同一空间位置具有三个磁场和三个电场分量的电磁矢量传感器，比传统只用一个分量的标量阵列处理能获得更多的信息，六分量可完备地表征电磁波的极化特性。该书从几何代数、张量等数学基础到阵列分析、综合、参数估计、波束形成、布阵和校正等问题进行详细讨论，为进一步应用奠定了基础。

（5）《认知雷达导论》分册介绍的雷达可根据环境、目标和任务的感知，选择最优化的参数和处理方法。它使得雷达数据处理及反馈从粗犷到精细，彰显了新体制雷达的智能化。

（6）《量子雷达》分册的作者团队搜集了大量的国外资料，经探索和研究，介绍从基本理论到传输、散射、检测、发射、接收的完整内容。量子雷达探测具有极高的灵敏度，更高的信息维度，在反隐身和抗干扰方面优势明显。经典和非经典的量子雷达，很可能走在各种量子技术应用的前列。

（四）合成孔径雷达（SAR）技术发展较快，已有大量的著作。本套丛书遴选了有一定特点和前景的 5 个分册：

（1）《数字阵列合成孔径雷达》分册系统阐述数字阵列技术在 SAR 中的应用，由于数字阵列天线具有灵活性并能在空间产生同时多波束，雷达采集的同一组回波数据，可处理出不同模式的成像结果，比常规 SAR 具备更多的新能力。该书着重研究基于数字阵列 SAR 的高分辨力宽测绘带 SAR 成像、极化层析SAR三维成像和前视SAR成像技术三种新能力。

（2）《双基合成孔径雷达》分册介绍的雷达配置灵活，具有隐蔽性好、抗干扰能力强、能够实现前视成像等优点，是SAR技术的热点之一。该书较为系统地描述了双基SAR理论方法、回波模型、成像算法、运动补偿、同步技术、试验验证等诸多方面，形成了实现技术和试验验证的研究成果。

（3）《三维合成孔径雷达》分册描述曲线合成孔径雷达、层析合成孔径雷达和线阵合成孔径雷达等三维成像技术。重点讨论各种三维成像处理算法，包括距离多普勒、变尺度、后向投影成像、线阵成像、自聚焦成像等算法。最后介绍三维MIMO-SAR系统。

（4）《雷达图像解译技术》分册介绍的技术是指从大量的SAR图像中提取与挖掘有用的目标信息，实现图像的自动解译。该书描述高分辨SAR和极化SAR的成像机理及相应的相干斑抑制、噪声抑制、地物分割与分类等技术，并介绍舰船、飞机等目标的SAR图像检测方法。

（5）《极化合成孔径雷达图像解译技术》分册对极化合成孔径雷达图像统计建模和参数估计方法及其在目标检测中的应用进行了深入研究。该书研究内容为统计建模和参数估计及其国防科技应用三大部分。

（五）雷达的应用也在扩展和变化，不同的领域对雷达有不同的要求，本套丛书在雷达前沿应用方面遴选了6个分册：

（1）《天基预警雷达》分册介绍的雷达不同于星载SAR，它主要观测陆海空天中的各种运动目标，获取这些目标的位置信息和运动趋势，是难度更大、更为复杂的天基雷达。该书介绍天基预警雷达的星星、星空、MIMO、卫星编队等双/多基地体制。重点描述了轨道覆盖、杂波与目标特性、系统设计、天线设计、接收处理、信号处理技术。

（2）《战略预警雷达信号处理新技术》分册系统地阐述相关信号处理技术的理论和算法，并有仿真和试验数据验证。主要包括反导和飞机目标的分类识别、低截获波形、高速高机动和低速慢机动小目标检测、检测识别一体化、机动目标成像、反投影成像、分布式和多波段雷达的联合检测等新技术。

（3）《空间目标监视和测量雷达技术》分册论述雷达探测空间轨道目标的特色技术。首先涉及空间编目批量目标监视探测技术，包括空间目标监视相控阵雷达技术及空间目标监视伪码连续波雷达信号处理技术。其次涉及空间目标精密测量、增程信号处理和成像技术，包括空间目标雷达精密测量技术、中高轨目标雷达探测技术、空间目标雷达成像技术等。

(4)《平流层预警探测飞艇》分册讲述在海拔约 20km 的平流层,由于相对风速低、风向稳定,从而适合大型飞艇的长期驻空,定点飞行,并进行空中预警探测,可对半径 500km 区域内的地面目标进行长时间凝视观察。该书主要介绍预警飞艇的空间环境、总体设计、空气动力、飞行载荷、载荷强度、动力推进、能源与配电以及飞艇雷达等技术,特别介绍了几种飞艇结构载荷一体化的形式。

(5)《现代气象雷达》分册分析了非均匀大气对电磁波的折射、散射、吸收和衰减等气象雷达的基础,重点介绍了常规天气雷达、多普勒天气雷达、双偏振全相参多普勒天气雷达、高空气象探测雷达、风廓线雷达等现代气象雷达,同时还介绍了气象雷达新技术、相控阵天气雷达、双/多基地天气雷达、声波雷达、中频探测雷达、毫米波测云雷达、激光测风雷达。

(6)《空管监视技术》分册阐述了一次雷达、二次雷达、应答机编码分配、S 模式、多雷达监视的原理。重点讨论广播式自动相关监视(ADS-B)数据链技术、飞机通信寻址报告系统(ACARS)、多点定位技术(MLAT)、先进场面监视设备(A-SMGCS)、空管多源协同监视技术、低空空域监视技术、空管技术。介绍空管监视技术的发展趋势和民航大国的前瞻性规划。

(六)目标和环境特性,是雷达设计的基础。该方向的研究对雷达匹配目标和环境的智能设计有重要的参考价值。本套丛书对此专题遴选了 4 个分册:

(1)《雷达目标散射特性测量与处理新技术》分册全面介绍有关雷达散射截面积(RCS)测量的各个方面,包括 RCS 的基本概念、测试场地与雷达、低散射目标支架、目标 RCS 定标、背景提取与抵消、高分辨力 RCS 诊断成像与图像理解、极化测量与校准、RCS 数据的处理等技术,对其他微波测量也具有参考价值。

(2)《雷达地海杂波测量与建模》分册首先介绍国内外地海面环境的分类和特征,给出地海杂波的基本理论,然后介绍测量、定标和建库的方法。该书用较大的篇幅,重点阐述地海杂波特性与建模。杂波是雷达的重要环境,随着地形、地貌、海况、风力等条件而不同。雷达的杂波抑制,正根据实时的变化,从粗犷走向精细的匹配,该书是现代雷达设计师的重要参考文献。

(3)《雷达目标识别理论》分册是一本理论性较强的专著。以特征、规律及知识的识别认知为指引,奠定该书的知识体系。首先介绍雷达目标识别的物理与数学基础,较为详细地阐述雷达目标特征提取与分类识别、知识辅助的雷达目标识别、基于压缩感知的目标识别等技术。

(4)《雷达目标识别原理与实验技术》分册是一本工程性较强的专著。该书主要针对目标特征提取与分类识别的模式,从工程上阐述了目标识别的方法。重点讨论特征提取技术、空中目标识别技术、地面目标识别技术、舰船目标识别及弹道导弹识别技术。

(七)数字技术的发展,使雷达的设计和评估更加方便,该技术涉及雷达系统设计和使用等。本套丛书遴选了3个分册:

(1)《雷达系统建模与仿真》分册所介绍的是现代雷达设计不可缺少的工具和方法。随着雷达的复杂度增加,用数字仿真的方法来检验设计的效果,可收到事半功倍的效果。该书首先介绍最基本的随机数的产生、统计实验、抽样技术等与雷达仿真有关的基本概念和方法,然后给出雷达目标与杂波模型、雷达系统仿真模型和仿真对系统的性能评价。

(2)《雷达标校技术》分册所介绍的内容是实现雷达精度指标的基础。该书重点介绍常规标校、微光电视角度标校、球载BD/GPS(BD为北斗导航简称)标校、射电星角度标校、基于民航机的雷达精度标校、卫星标校、三角交会标校、雷达自动化标校等技术。

(3)《雷达电子战系统建模与仿真》分册以工程实践为取材背景,介绍雷达电子战系统建模的主要方法、仿真模型设计、仿真系统设计和典型仿真应用实例。该书从雷达电子战系统数学建模和仿真系统设计的实用性出发,着重论述雷达电子战系统基于信号/数据流处理的细粒度建模仿真的核心思想和技术实现途径。

(八)微电子的发展使得现代雷达的接收、发射和处理都发生了巨大的变化。本套丛书遴选出涉及微电子技术与雷达关联最紧密的3个分册:

(1)《雷达信号处理芯片技术》分册主要讲述一款自主架构的数字信号处理(DSP)器件,详细介绍该款雷达信号处理器的架构、存储器、寄存器、指令系统、I/O资源以及相应的开发工具、硬件设计,给雷达设计师使用该处理器提供有益的参考。

(2)《雷达收发组件芯片技术》分册以雷达收发组件用芯片套片的形式,系统介绍发射芯片、接收芯片、幅相控制芯片、波速控制驱动器芯片、电源管理芯片的设计和测试技术及与之相关的平台技术、实验技术和应用技术。

(3)《宽禁带半导体高频及微波功率器件与电路》分册的背景是,宽禁带材料可使微波毫米波功率器件的功率密度比Si和GaAs等同类产品高10倍,可产生开关频率更高、关断电压更高的新一代电力电子器件,将对雷达产生更新换代的影响。分册首先介绍第三代半导体的应用和基本知识,然后详细介绍两大类各种器件的原理、类别特征、进展和应用：SiC 器件有功率二极管、MOSFET、JFET、BJT、IBJT、GTO 等；GaN 器件有 HEMT、MMIC、E 模 HEMT、N 极化 HEMT、功率开关器件与微功率变换等。最后展望固态太赫兹、金刚石等新兴材料器件。

  本套丛书是国内众多相关研究领域的大专院校、科研院所专家集体智慧的结晶。具体参与单位包括中国电子科技集团公司、中国航天科工集团公司、中国电子科学研究院、南京电子技术研究所、华东电子工程研究所、北京无线电测量研究所、电子科技大学、西安电子科技大学、国防科技大学、北京理工大学、北京航空航天大学、哈尔滨工业大学、西北工业大学等近 30 家。在此对参与编写及审校工作的各单位专家和领导的大力支持表示衷心感谢。

2017 年 9 月

前　言

现代雷达面临的威胁和环境日趋复杂。首先是目标形式多样,例如隐身目标、超高声速目标、低慢小目标等,充斥战场空间,雷达需要同时适应多类目标探测需求;其次是战场电磁环境日益复杂,新的干扰样式、干扰方式不断涌现,在干扰环境下的探测能力受到挑战。

数字阵列雷达作为阵列雷达的最新发展,发射波束和接收波束均采用数字控制或数学运算的方式形成,提供了前所未有的波束灵活控制和波束组合能力,雷达可使用资源的自由度大大提高,支持各类阵列信号处理算法,成为应对以上挑战的一种有效措施。

数字阵列雷达具有幅相控制精度高、瞬时动态范围大、空间自由度高、波束形成灵活等典型特征,与传统相控阵雷达相比,数字阵列雷达具有以下突出的性能优势。

(一) 适应各类目标能力强

数字阵列雷达波束形状控制灵活,针对不同目标既可采用高增益的窄波束,也可采用低增益的宽波束,可合理地分配能量和时间的关系,并能够提供更多的波束,增加雷达系统自由度,以适应高速目标、低速目标的需求。发射波束精确赋形能力和同时多波束能力支持并探测跟踪多类目标。此外隐身目标强度相对各类杂波强度减至百分之一以下,雷达所需的动态也成百倍地增加,数字阵列雷达系统瞬时动态范围大,可无损失地保留强杂波背景下的微弱目标回波信号,为隐身目标探测提供了有利条件。

(二) 对抗复杂电磁环境能力强

数字阵列雷达幅相控制精度高。一方面其天线易实现超低副瓣,有利于降低接收到的来自副瓣方向的干扰信号强度;另一方面为接收多波束提供了空间自由度,可在空域对干扰信号进行对消,大幅提高雷达的抗干扰性能。

(三) 适应复杂地形环境能力强

星载和机载各类运动平台上的雷达采用数字阵列技术后,具有超低副瓣天线,减小了副瓣杂波对探测目标的干扰,而高的空间自由度,增强了对复杂特性杂波的抑制。

(四) 多功能一体化能力强

数字阵列雷达灵活波束形成能力使其与传统相控阵雷达相比,增强了时间-

能量的管理能力、扫描跟踪能力以及多目标的处理能力,更适应未来战争对武器装备多功能以及探测、对抗、通信一体化的需求。

  本书与国内外同类书籍相比,其突出特点是从系统出发,从工程实践角度深入分析数字阵列雷达的相关技术、原理、特点,对数字阵列雷达已有的应用及可能的应用进行阐述,并对这些应用带来的优势进行分析。本书的出版对推动数字阵列雷达更广泛的应用,促进我国雷达技术进步具有积极意义。

  本书的写作是在王小谟院士、吴曼青院士的大力支持下进行的。在撰写过程中,范明意、张德智、曹军、张卫清、邱炜、潘浩、束宇翔等提供了大量的资料和信息,这些成果为本书的编写奠定了坚实的基础。李强、伍政华、林洪娟等帮助作者做了大量的文字录入和排版工作,在此一并表示衷心感谢。

  由于水平有限,书中存在不完善之处在所难免,敬请读者批评指正。

作者

2017 年 9 月

目 录

第1章 绪论 ·· 001
1.1 引言 ·· 001
1.2 数字阵列雷达基本概念 ·· 004
1.3 数字阵列技术国外研究情况 ··· 005
1.4 数字阵列技术国内研究情况 ··· 010
参考文献 ··· 011

第2章 数字阵列雷达原理与特点 ·· 014
2.1 数字阵列雷达原理 ··· 014
2.1.1 数字阵列雷达工作原理 ··· 014
2.1.2 发射数字波束形成原理 ··· 015
2.1.3 接收数字波束形成原理 ··· 016
2.2 数字阵列雷达特点分析 ·· 018
2.2.1 数字阵列雷达的天线副瓣、瞬时动态、空间自由度分析 ··· 018
2.2.2 数字阵列雷达技术特点与难点分析 ························· 020
参考文献 ··· 027

第3章 数字阵列雷达系统设计技术 ·· 028
3.1 数字阵列雷达总体设计技术 ··· 028
3.1.1 数字阵列雷达的系统架构设计 ································ 028
3.1.2 数字阵列雷达系统功能与系统组成 ························· 028
3.1.3 数字阵列雷达主要分系统简述 ································ 030
3.2 数字阵列雷达优化设计技术 ··· 031
3.2.1 多功能设计技术 ·· 031
3.2.2 覆盖空域扩展技术 ··· 032
3.2.3 波束域抗干扰技术 ··· 034
3.2.4 数字阵列雷达集成化设计 ····································· 036
参考文献 ··· 038

第4章 数字阵列雷达有源收发技术 ·· 040
4.1 数字阵列天线系统设计 ·· 040
4.1.1 在扫描约束条件下的天线布局设计 ························· 040

4.1.2　数字阵列天线的校正方法 ……………………………………… 047
　　　4.1.3　数字阵列天线补偿数据的获取方法 ……………………………… 049
　4.2　数字阵列模块设计技术 …………………………………………………… 053
　　　4.2.1　数字T/R ……………………………………………………………… 053
　　　4.2.2　频率源 ………………………………………………………………… 055
　　　4.2.3　接收数字波束形成软硬件实现 ……………………………………… 057
　　　4.2.4　发射波束形成软硬件实现 …………………………………………… 067
　4.3　接收数字波束形成技术 …………………………………………………… 078
　　　4.3.1　接收数字波束形成信号流程 ………………………………………… 079
　　　4.3.2　接收数字波束形成实现原理 ………………………………………… 080
　4.4　发射数字波束形成技术 …………………………………………………… 082
　　　4.4.1　发射数字波束形成信号流程 ………………………………………… 082
　　　4.4.2　发射数字波束形成实现原理 ………………………………………… 084
　4.5　基于数字阵列的有源超低副瓣天线技术 ………………………………… 086
　　　4.5.1　影响天线副瓣性能的因素分析 ……………………………………… 086
　　　4.5.2　基于数字阵列的有源天线超低副瓣实现 …………………………… 087
　参考文献 …………………………………………………………………………… 089

第5章　数字阵列雷达信号处理技术 …………………………………………… 091
　5.1　数字阵列雷达信号处理功能与特点 ……………………………………… 091
　　　5.1.1　典型功能与特点 ……………………………………………………… 091
　　　5.1.2　特殊功能与特点 ……………………………………………………… 091
　5.2　基于数字阵列的同时多波束技术 ………………………………………… 092
　　　5.2.1　同时多波束基本理论 ………………………………………………… 092
　　　5.2.2　基于数字阵列的同时多波束实现 …………………………………… 095
　　　5.2.3　基于数字阵列的同时多波束性能分析 ……………………………… 097
　5.3　基于数字阵列的自适应抗干扰技术 ……………………………………… 097
　　　5.3.1　自适应抗干扰原理 …………………………………………………… 097
　　　5.3.2　基于数字阵列的自适应抗干扰实现 ………………………………… 103
　　　5.3.3　基于数字阵列的自适应抗干扰性能分析 …………………………… 107
　5.4　基于数字阵列的空时自适应处理技术 …………………………………… 107
　　　5.4.1　空时自适应处理的发展 ……………………………………………… 107
　　　5.4.2　空时自适应处理原理 ………………………………………………… 111
　　　5.4.3　基于数字阵列的空时自适应处理实现 ……………………………… 113
　　　5.4.4　基于数字阵列的空时自适应处理性能分析 ………………………… 123
　　　5.4.5　非正侧面阵带来的近程弯曲杂波处理 ……………………………… 124

  参考文献 ··· 130

第6章 数字阵列雷达技术应用分析 ································· 133
  6.1 数字阵列陆基雷达 ·· 133
    6.1.1 数字阵列陆基雷达应用 ································ 133
    6.1.2 数字阵列陆基雷达优势分析 ·························· 136
  6.2 数字阵列海基雷达 ·· 137
    6.2.1 数字阵列海基雷达应用 ································ 137
    6.2.2 数字阵列海基雷达优势分析 ·························· 141
  6.3 数字阵列空基雷达应用与分析 ···························· 142
    6.3.1 数字阵列空基雷达应用 ································ 142
    6.3.2 数字阵列空基雷达优势分析 ·························· 144
  6.4 数字阵列天基雷达应用与分析 ···························· 145
  6.5 数字阵列雷达发展展望 ···································· 145
    6.5.1 随机数字阵列雷达 ···································· 145
    6.5.2 数字阵列雷达发展构想 ································ 147
    6.5.3 展望 ··· 148
  参考文献 ··· 150

主要符号表 ··· 152
缩略语 ··· 160

第 1 章
绪论

1.1 引 言

雷达是英文 Radar 的音译,源于 Radio Detection and Ranging 的缩写,原意是"无线电探测和测距",即用无线电方法发现目标并且测定他(它)们在空间的位置。因此雷达也称为"无线电定位"[1-3]。随着雷达技术的发展,雷达的任务不仅是测量目标的距离、方位和仰角,而且还包括测量目标的速度,它还可以提取有关目标的更多信息,诸如测定目标的属性、目标的识别等[4-14]。

雷达基本概念由德国物理学家 Heinrich Hertz 从 1885 年到 1888 年进行的经典实验首次得到验证。20 世纪 20 年代后期到 30 年代初期随着重型军用轰炸机的出现,真正使得实战型军用雷达得以问世。20 世纪 30 年代,迫于战争的压力,英国诞生了第一部防空情报雷达。与此同时,美国、德国、苏联、法国、意大利、日本和荷兰也在致力于雷达的研制。那时雷达的工作频率要比现代雷达通用频率低很多,大多数早期雷达采用的频率在 100~200MHz,采用了由多个独立辐射器组成的阵列天线。随着 20 世纪 40 年代高功率微波磁控管的发明,雷达技术得到了极其重大的发展,打开了雷达工作在更高频率之门,微波雷达问世。随着雷达发展到较短的波长,阵列天线就由较为简单的天线所代替,例如抛物反射面天线。

在现代化的战争中,为了发现、跟踪、识别目标,判别目标特性和估计目标的危险程度,缺少雷达的参与是一件不可想象的事。同时,敌方也会千方百计对雷达进行干扰和打击,雷达的工作条件日趋苛刻。这些都对雷达提出了更高的要求:对目标的探测距离更远、对目标的测量精度更高、对抗敌方干扰的能力更强。而之前的雷达体制是不能满足这些要求的。例如以往的单脉冲抛物面天线雷达,其体积和重量都很大,为了捕获目标需要机械地转动笨重的天线,要很快地进行扫描和转动是很困难的。在这样的情况下,电控移相器和开关的出现再次把人们的注意力吸引到阵列天线上。孔径激励可以通过控制多个单元的相位来调制,从而产生电扫描的波束,相控阵雷达走进了人们的视野。而雷达阵列技术演进发展历程,即由最初的无源阵列演变为有源阵列,再到现在的数字阵列。

相控阵雷达可以根据有源组件设置位置的不同区分为无源相控阵雷达和有源相控阵雷达。无源阵列应用于无源相控阵雷达中,它仅有 1 个中央发射机和 1 个接收机,采用集中式大功率发射机(多数为电真空发射机)或者若干部大功率发射机和无源相控阵天线,发射机产生的高频能量经馈电网络传给天线阵的各个辐射单元,目标反射信号经接收机统一放大。常用的无源相控阵天线采取"强馈"和"空馈"的方式。"强馈"是指强迫能量沿着限定的传输线流动,其进一步可以分为并馈和串馈两种。并馈的特点是从每个阵列单元端口到总输入端口的路径上都经过同样多的节点;而串馈则由多个节点级联而成,信号到第 1 个阵元输出端口只经过 1 个节点,到第 2 个输出端口经过 2 个节点,以此类推,当信号到达最后一个端口时就经过了所有的节点。单波束、单脉冲和多波束雷达,都可以采用并馈或串馈,许多系统同时采用并馈、串馈技术。

随着高功率固态功率器件及单片微波集成电路的出现,每个天线单元通道中可以设置固态发射/接收组件,使相控阵雷达天线变为有源相控阵雷达天线。对雷达目标进行分类与识别,是先进的现代雷达所面临的技术难题,对目标进行微波成像,尤其是多目标微波成像,亦是现代雷达的一个重要需求,而只有有源相控阵雷达方能满足雷达的探测距离、数据更新率、多目标跟踪以及测量精度等众多要求。雷达工作环境劣化是现代雷达面临的严峻挑战,大多数雷达皆需具有从强杂波环境中检测并提取目标参数的性能,而有源相控阵技术是同时能满足高性能、高生存能力雷达所必需的。从 20 世纪 80 年代后期至 90 年代,固态有源相控阵雷达逐渐成为雷达产业的主流,其中,高可靠性、低成本的固态 T/R 组件技术是固态有源相控阵雷达技术发展的重点。有源相控阵雷达中"有源"的含义是辐射功率在阵面上的组件内产生,雷达的发射信号与接收目标回波相匹配,实现发射与接收的一体化设计,有源相控阵天线孔径自身具有功率增益。相控阵天线孔径的每一阵元皆由发射/接收(T/R)组件构成。

有源相控阵雷达之所以优于其他体制的雷达,在于其采用了众多的新技术,使天线波束具有极大的灵活性与自适应性。有源相控阵雷达实现自适应调整的技术基础,主要是靠天线波束扫描的灵活性、信号波形的捷变性能及近年发展起来的数字波束形成(DBF)技术。DBF 技术将接收天线的波束形成和信号处理结合,可以进行时域和空域二维信号处理,以及天线波束赋形自适应控制。将 DBF 和直接数字频率合成(DDS)技术整合到 T/R 组件中,可构造出数字化 T/R 组件,在数字域实现高精度移相、数字域信号传输和雷达信号处理,实现相控阵雷达接收、发射灵活多波束,且精度高(移相精度可达 14bit),稳定性、可重复性和生产性好。

早在 20 世纪 60 年代,人们就开始研究利用数字处理技术来实现波束形成。根据波束形成机理,数字波束形成在接收模式下更能发挥其优点,也较容易实现。因此,初期研究主要集中在接收数字波束形成上,应用领域为声纳和雷达。最早的接收 DBF 雷达系统是西德的电子雷达(ELRA)相控阵雷达[15],此后美、英、法、日、荷兰、瑞典等国相继开展了接收数字波束形成雷达的研究。20 世纪 70 年代至 80 年代开展的这类研究基本上都是一些试验和验证系统。

20 世纪 80 年代至 90 年代,一批工程实用化数字波束形成雷达开始装备使用,主要有:荷兰的 MW08、SMART-L(图 1.1)、SMART-S 舰载多波束三坐标雷达;美国的 AN/TPS-71 可移动式超视距雷达(ROTHR);日本的 OPS-24 舰载有源相控阵雷达;瑞典爱立信公司的"长颈鹿"系列敏捷多波束雷达。

20 世纪 90 年代以后,各种性能先进的实验 DBF 雷达的研究更加广泛深入,有代表性的是英国的多功能电扫描自适应雷达(MESAR),它的舰载衍生型——有源多功能相控阵雷达(SAMPOSN)(图 1.2)及其简化版(SPECTAR),以及与国际合作的宽带自适应数字波束形成(ADBF)雷达等。以上这些研究,为真正意义上的收发全数字波束形成的数字阵列雷达研究打下了基础。

图 1.1 SMART-L 型舰载接收 DBF 三坐标雷达

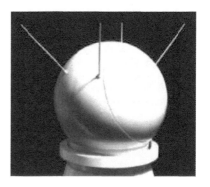

图 1.2 SAMPSON 型有源电扫多功能雷达

随着半导体器件技术的发展,有源相控阵雷达接收和发射都采用了数字波束形成技术,数字阵列雷达的概念应运而生。由于数字阵列雷达波束扫描所需要的移相是在数字域实现,因此对移相在射频域实现的有源相控阵雷达而言,数字阵列雷达的系统性能有了很大提升,具有低副瓣、大动态、波束形成灵活等特点,对复杂环境下的隐身目标、弹道导弹及巡航导弹等非常规威胁目标有好的探测性能。采用灵活的模块化结构形式,通过扩充和重构,满足多样化任务需求;采用开放式的、通用化的体系结构,具备良好的升级和扩展能力,实现多平台、系列化发展。阵列雷达技术的发展如图 1.3 所示。数字阵列雷达的出现在一定程度上代表了未来雷达阵列技术的发展方向[16-19]。英国 Roke Manor 公司雷达专家 Chris Tarran 指出:有源电扫相控阵雷达技术成就了现代的先进军用雷达,然而如今我们已迈进了数字阵列雷达的新纪元。

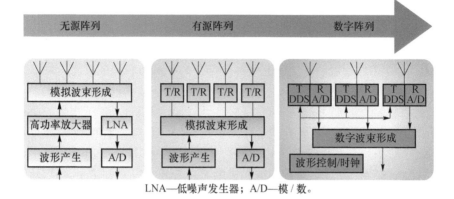

图1.3 阵列雷达技术演进历程(见彩图)

1.2 数字阵列雷达基本概念

数字阵列与传统相控阵最本质的区别是发射与接收波束形成方式不同。

传统有源相控阵雷达(图1.4)是依靠移相器、衰减器和微波合成网络来实现波束在空间扫描的,这是一种在模拟域的基于射频器件和馈电网络构建的运算处理方式,因此就灵活性而言,其与计算机的数字运算相比相差甚远。

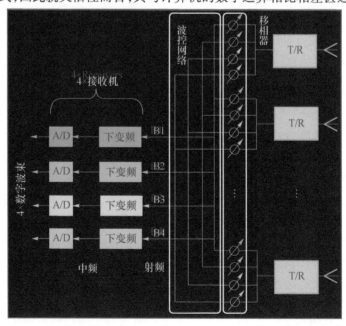

图1.4 传统有源相控阵雷达(4接收通道)信号示意图(见彩图)

数字阵列雷达(DAR)是一种接收和发射波束都以数字方式实现的全数字相控阵雷达。由于数字处理所具有的灵活性,数字阵列雷达拥有许多传统相控阵雷达所无法比拟的优越性,已成为相控阵雷达的一个重要发展方向,广受雷达科技人员关注。数字阵列雷达在架构上可简化为数字有源阵列与数字处理两部分,其中数字有源阵列主要包括天线、数字阵列模块、收发校正模块、本振参考源等,数字处理主要包括数字波束形成、数字信号处理、数据处理等。数字阵列雷达主要信号流程框图如图1.5所示。

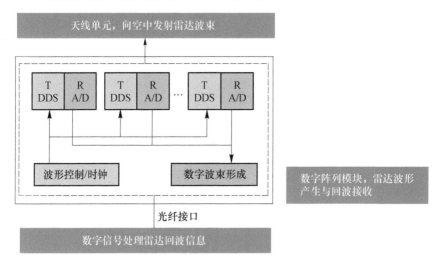

图1.5 数字阵列雷达主要信号流程框图(见彩图)

1.3 数字阵列技术国外研究情况

第一阶段,数字阵列雷达概念的研究。

正如Eli Brookner指出,相控阵天线赖以实现电子扫描的移相过程,最后可能成为一个数字过程,包括收/发两种状态的波束控制形成[20]。随着现代战争对雷达性能要求的不断提高以及数字处理技术的日益成熟,人们自然将目光投向数字阵列雷达的研究。

1989年美国休斯公司提出采用数字波束形成技术实现多个独立发射波束的方法,系统采用数字波束形成器来产生发射所需波形的数字化时间采样。

美国海军研究局在20世纪80年代也开展了数字阵列雷达的先期概念研究,在此基础上于2000财年正式立项开展了全数字波束形成的数字阵列雷达的研究。

国外数字阵列雷达概念研究成果见表1.1所列。

表1.1 国外数字阵列雷达概念研究成果

时间	研制单位	研制内容
1985年	美国Eli Brookner	相控阵天线的移相工程,最后将成为一个数字过程
1989年	美国休斯公司	提出采用数字波束形成实现多个发射波束的方法
1995年	英国Roke Manor	提出数字T/R组件,验证了收发同时DBF的可行性
2000年	美国海军研究局	立项开展数字阵列雷达的研究

第二阶段,关键技术研究。

随着数字处理技术和数字硬件的发展,数字阵列雷达的研究进入到关键技术研究阶段。研究工作集中在发射波束形成技术和数字收发组件的研究等方面,开展的研究工作主要有:

1) 英国Roke Manor研究中心的全数字T/R组件研究

英国Roke Manor研究中心最早提出了数字T/R组件的概念,并对基于直接数字频率合成技术的相控阵全数字T/R组件进行深入的研究[21-22]。为验证数字组件应用于雷达设计的可行性,该公司开发了一个13单元的收/发全数字波束形成试验阵,在每个单元使用工作在400MHz的PlesseySP2002芯片作为波形发生器。

2) 美国AIL系统公司的DBF发射天线研究

美国AIL系统公司在空军项目资助下,对基于DDS的相控阵天线进行了研究[23-24]。该天线的接收波束和发射波束均以数字方式实现。

3) 美国应用雷达公司的数字阵列研究

美国应用雷达(Applied Radar)公司正在开展多项数字阵列雷达天线的研究。其中,为导弹防御局研究的是用于导弹防御的宽带数字波束形成雷达[25],其发射亦采用数字波束形成技术;而为美空军研究实验室研制的是用于雷达和通信的X波段数字发射组件。

4) 法国的Net Lander计划探地雷达

该雷达是于2007年发射的"Net Lander"火星探测系统计划中的一个研究项目[26-27],用于探测地表下水的存在以及探测火星昼夜之间临界频率的变化。该雷达的接收和发射都采用DBF技术。采用全数字技术使得雷达极为紧凑,可集成在两块$15 \times 13 cm^2$的板上,包括天线在内质量不超过500g。

5) 美国低成本嵌板化DAR天线研究

降低成本和增加集成度是相控阵雷达系统设计师的2个主要目标,高功率集成单片微波集成电路(MMIC)与Si/SiGe混合信号设计的进展使得把1个数字相控阵雷达系统集成到1个或2个高度集成的多层板嵌板之上变得切实可行。理想的DAR系统应该每个T/R单元包含2个或更少的芯片,具有全数字后端以提供现代雷达所要求的灵活性,以及能够集成在包含辐射单元的嵌板化的低成本塑料封装中。在这种阵列的设计中,要克服的一个主要障碍是把高效率、大带宽和大扫描范围的天线集成在嵌板上;要求这种天线不需要 T/R 组件昂贵的封装和冷却系统,下一步的工作是要把真正的 T/R 组件集成到天线嵌板上,并将其与全数字后端连接,以便最终验证这种新的低成本雷达系统的可行性和性能。

国外数字阵列雷达关键技术研究成果见表 1.2 所列。

表 1.2 国外数字阵列雷达关键技术研究成果

时间	研制国家或单位	研制内容
1995 年	英国	开展全数字 T/R 组件研究
1999 年	美国 AIL 系统公司	实现了天线的接收波束和发射波束的数字形成
2003 年	法国	开展了探地雷达研究,实现了数字 T/R 组件高集成
2008 年	美国	开展低成本嵌板化 DAR 天线研究

第三阶段,实验系统研究。

在关键技术研究基础上,开始出现一些较为完整的数字阵列雷达实验系统。这类系统主要有美国海军的数字阵列雷达实验系统以及 E-2D 预警机雷达系统。

1) 美国海军研究局的 L 波段数字阵列雷达系统研究

美国海军舰载雷达系统为满足 21 世纪执行沿海和公海任务,要求其能探测强杂波下的小目标,并能对付多个干扰源。为此,美国海军研究局(ONR)在数字阵列前期概念研究的基础上,于 2000 财年设立了数字阵列雷达开发计划,正式开展了全数字波束形成雷达的研究[28-31],目标是使雷达系统能改善时间-能量管理和信号杂波(S/C)比、提高可靠性,并能降低工作寿命周期费用,促使美国海军的 L、S 和 X 波段 DBF 雷达采用民用技术[32](图 1.6)。

图 1.6 将数字阵列技术用于美海军下一代战舰构想图(见彩图)

参加研究的 3 个主要单位为在华盛顿特区的美国海军实验室(NRL/DC)、美国海军水面战中心达尔格仑分部(NSWC/DD)实验室和麻省理工学院林肯实验室(MIT/LL)。其中,阵列天线和微波 T/R 组件由林肯实验室承担,数字 T/R

组件和光纤链由海军研究实验室开发,可编程逻辑器件(FPGA)分析和 DBF 设计则由 NSWC/DD 实验室完成。这是一个较为完整的 96 个单元 L 波段的实验样机系统,天线辐射单元 224 个,峰值功率达到 20kW,瞬时带宽为 815kHz,脉冲宽度从 1~150μs 可变。在样机中,有源 T/R 组件馈电给阵列配置中的 96 个单元,余下单元被短接,以改善较小阵列的天线响应特性。该系统主要由微波部分和数字部分组成。其核心技术是基于 DDS 的发射数字波束形成技术和基于 A/D 的接收数字波束形成技术,DAR 原理样机演示验证的目的主要集中在以下 3 个方面:在每个单元基础上经数字化的系统性能改善,DBF 的实现(自适应置零和快速主波束控制)和低价民用产品的实际应用。同时,为了得到潜在的大动态范围,还对用 Δ-ΣDDS 方法来产生本振及波形信号进行了研究[33]。

2) E-2D 预警机雷达[34]

为了解决 E-2C 预警机载雷达在陆地上以及沿海密集群岛区域性能下降的问题,2003 年,Northrop Grumman 公司接受了"先进鹰眼"E-2D 系统的开发和验证合同。E-2D 预警机(图 1.7)雷达采用数字波束形成、数字化发射机、高功率固态 SiC 发射机以及空时自适应处理(STAP)技术,以期提高预警机在陆海交界背景下的探测性能及抗干扰等问题,满足 20 年内的需求。

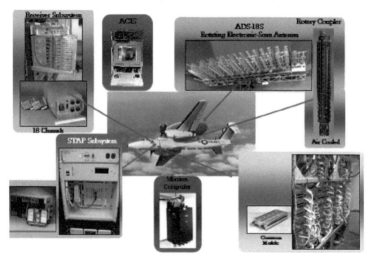

图 1.7 美国 E-2D 预警机(见彩图)

3) 麻省理工学院林肯实验室 S 波段宽带数字阵列雷达实验台

针对未来海军雷达面临强杂波和强干扰的威胁,未来的雷达需要完成的将是包括空域搜索、目标跟踪和高分辨成像在内的组合功能,由于数字阵列雷达对付强杂波和强干扰具有突出优势,美国麻省理工学院林肯实验室投资研发了一个宽带数字阵列雷达实验台,以期实现大动态范围、窄波束宽度天线孔径下的快速空域搜索和强干扰下的宽带成像3大目标。

该实验台由16个双下变频时频变换(STRETCH)接收机、3个数字信号发生器(发射、校准及一本振)、1个可重构天线以及1个数字数据采集系统组成,该系统具有一个14英尺①的可重构数字线阵孔径、500MHz以上带宽、90dB以上动态范围以及单元级数字记录。初步构成的系统接收机采用直接数字波形合成、模拟信号分配、展宽处理等技术,而数字下变频、时延波控及空时自适应处理等则通过一个脱机处理器来完成。

整个系统的测试于2003年夏天开始,分别在林肯实验室的近场暗室和空军研究实验室的伊普斯维奇天线测试场中完成,测量结果将用于评估通过数字波束形成增大系统动态范围的可行性以及宽带数字时延波束控制和宽带自适应对消性能。

4)荷兰国家应用科学研究院微型化数字雷达[35]

荷兰国家应用科学研究院(TNO)的防御、安全部门特别针对机载应用,已开始设计和研制微型化数字雷达的研究项目,并且该系统必须适合安装于小型战术无人机(UAV)上。

2007年,TNO构建了X波段8单元数字阵列雷达试验系统,采用基于GaN技术的单片微波集成电路(MMIC)设计,保证系统高水平集成和微型化。TNO设计的数字化雷达射频前端见图1.8。

图1.8 TNO设计的数字化雷达射频前端

为了满足严格的重量、尺寸和功率限制,该系统的设计基于调频连续波(FMCW)和微带天线技术。由于FMCW雷达系统只需要适当的峰值功率,因此,FMCW雷达系统能在单片微波集成电路中完全地得以实现,这保证了系统高水平集成和微型化;FMCW雷达的另一个优点是具有相对隐身性能,即FMCW雷达发射信号的功率相对较低,所以雷达具有低截获概率的优势;另外,元件级数字化其他重要的优点包括同时形成不同波束的能力以及在波形间简单迅速转换的能力。这些优点使得设计高效合成孔径雷达(SAR)、动目标显示(MTI)模

---

① 1英尺=30.48cm。

式及其他一些模式如电子对抗和干涉测量成为可能。因此,数字雷达概念为适用于 UAV 的多功能雷达提供了可靠的解决方案。

5) 澳大利亚全数字外空间气象探测雷达研究[36]

2008 年,澳大利亚构建了 HF 波段 16 通道数字阵列雷达实验系统(图1.9),采用收发全数字波束形成,大大减少了天线副瓣引起的干涉。工作频率为 8~20MHz,通道个数为 16 个,单通道发射峰值功率为 600W。全数字雷达体制为澳大利亚下一代极光阵列的研发计划提供了关键的核心技术。

图 1.9 澳大利亚采用 DAR 技术的 TIGER 天波超视距雷达

国外数字阵列雷达实验系统研究成果如表 1.3 所列。

表 1.3 国外数字阵列雷达实验系统研究成果

时间	研制国家或单位	研制内容
2000 年	美国海军研究局	构建了 96 单元 L 波段数字阵列雷达实验系统
2003 年	美国林肯实验室	构建了 16 通道 S 波段宽带数字阵列雷达实验台
2007 年	荷兰应用科学研究院	构建了 X 波段 8 单元数字阵列雷达实验系统
2008 年	澳大利亚	构建了 HF 波段 16 通道数字阵列雷达实验系统

1.4 数字阵列技术国内研究情况

经过 20 多年的发展,国内各大科研院所紧随雷达技术的发展方向,在雷达数字化领域积极探索,在接收 DBF 技术、发射 DDS 技术和数字阵列雷达技术研究领域取得了大量科研成果。

1) 接收 DBF 技术研究

目前,国内在接收 DBF 雷达的研制方面已经实现了型号研制,覆盖了 UHF、L、S 等多种频段,涵盖了二坐标、三坐标、无源探测以及双多基地等多种雷达体制。

2) 发射 DBF 技术研究

1996 年吴曼青在《DDS 技术及其在发射 DBF 中的应用》一文中提出了"直

接数字波束控制系统"的概念[37],其基本思想是利用 DDS 的相位可控性来实现对相控阵发射波束的控制[38],并于 1998 年研制出 4 单元基于 DDS 技术的 DBF 发射阵,可以形成发射和、差波束及低副瓣的方向图,该项技术的突破,标志着发射 DBF 技术是可以实现的,证明前阶段理论研究的正确性,为下一步的研究打下了基础。

3)数字阵列雷达技术研究

2000 年国内首部 8 单元数字阵列雷达试验台研制成功,实现了发射波束的数字形成与扫描、在任意指定方向上的多零点形成和超低副瓣(优于 −40dB)的接收数字波束形成,在世界上率先成功地进行了对实际目标的探测。该项技术的突破填补了国内收/发全数字波束形成相控阵技术的空白,所取得的成果对于发展新型相控阵雷达具有十分重要的理论意义与实用价值。

为了进一步验证收发全 DBF 技术在工程上应用的可行性,实现数字阵列雷达技术的性能优势,为数字阵列雷达的工程应用探索出一条可持续发展的道路,2001 年中国电子科技集团公司第 38 研究所开展了 512 单元收发全 DBF 技术雷达样机研制,建立了一个 512 单元的系统样机,验证工程应用关键技术,确定数字阵列雷达体系结构。并进行了波瓣测试和系统的外场观察目标,并对核心器件——数字阵列模块的各项指标进行了测试。

2005 年,该项目获得成功,完成了工程化的 512 单元数字阵列雷达系统研制。这标志着数字阵列雷达体系结构、具有自主知识产权的数字阵列雷达模块、大容量数据传输与实时多波束形成等关键技术均取得了突破;实现了在多种模式下对飞行目标的探测和连续跟踪,覆盖范围达到了方位 ±60°、俯仰 ±30°,实现了对民航目标的探测;实现了高相位控制精度、超低天线副瓣和大系统瞬时动态等关键技术指标,标志着我国数字阵列雷达已进入实用研究阶段。目前,国内已有多个数字阵列雷达的型号产品。

参考文献

[1] Skolnik M I. Fifty Years of Radar[J]. Proc. IEEE,February 1985(73):182 – 197.

[2] Skolnik M I. 雷达手册:第 3 版[M]. 南京电子工程研究所,译. 北京:电子工业出版社,2010.

[3] Richards M A,Scheer J A,Holm W A. PRINCIPLES OF MODERN RADAR – BASIC PRINCIPLES[M]. New York,USA:SciTech Publishing,2010.

[4] 王小谟,匡永胜,陈忠先. 监视雷达技术[M]. 北京:电子工业出版社,2008.

[5] 张光义. 相控阵雷达技术[M]. 北京:电子工业出版社,2006.

[6] 丁鹭飞,耿富录. 雷达原理[M]. 西安:西安电子科技大学出版社,2003.

[7] 向敬成,张明友. 雷达系统[M]. 北京:电子工业出版社,2001.

[8] Skolnik M I. 雷达系统导论:第3版[M]. 左群声,徐国良,等译. 北京:电子工业出版社, 2012.

[9] Mahafza B R. 雷达系统分析与设计[M]. 北京:电子工业出版社,2008.

[10] Skolnik M I,Linde G,Meads K. Senrad:an advanced wideband air – surveillance radar [J]. IEEE Transations on Aerospace and Electronic Systems,2001,37(5):1163 – 1175.

[11] Skolnik M I,Hemenway D,Hansen J P. Radar detection of gas seepage associated with oil and gas deposits[J]. IEEE Transactions on Geoscience and Remote Sensing, 1992, 30 (5): 630 – 633.

[12] Sabatini S,Tarantino M. Multifunction Array Radar System Design and Analysis [M]. Norwood,MA:Artech House,1994.

[13] Melvin W L,Scheer J A. Principles of Modern Radar – Advanced Techniques[M]. New York, USA:SciTech Publishing,2013.

[14] 陈伯孝,吴剑旗. 综合脉冲孔径雷达[M]. 北京:国防工业出版社,2011.

[15] Sander W. Experimental phased – array radar ELRA:antenna system[J]. IEEPROC,1980, 127(4).

[16] Adrian O. From AESA radar to digital radar for surface – based applications[C]. CA,USA: IEEE Radar Conference,Pasadena,2009:1 – 5.

[17] Zatman M. Digitization requirements for digital radar arrays[C]. Atlanta,GA,United states: Proceedings of the 2001 IEEE Radar Conference,2001:163 – 168.

[18] Grahn P,Bjorklund S. Short range radar measurements with an experimental digital array antenna [C]. Alexandria,VA,USA:The Record of the IEEE 2000 International Radar Conference,2000:178 – 182.

[19] Wang Y,Wu M. The Development of DBF Phased Array Radar System[C]. Beijing,China: 2001 CIE International Conference on Radar Proceeding,2001:61 – 64.

[20] Brookner E. Phased – Array Radars[J]. Scientific American,1985,252(2):76 – 84.

[21] Garrod A. Digital Modules for Phased Array Radar[C]. Alexandria,VA,USA:1995 IEEE International Radar Conference,1995:726 – 731.

[22] Garrod A. Digital Modules for Phased Array Radar[C]. Boston,MA,USA:Proceedings of the 1996 IEEE International Symposium On Phased – Array Systems and Technology, 1996: 81 – 86.

[23] Magill E. Digital Beamforming Phased Array Transmit Antenna [C]. Boston, MA, United States:AP2000 Millennium Conf on Antennas&Propagation,2000:426 – 429.

[24] Rudish R M. Direct Digital Synthesizer Driven Phased Array Antenna: USP 5943010 [P]. 1999.

[25] Digital Beamforming Technology[EB/OL]. http://www. appliedradar. com/.

[26] Ney R,Berthelier J J. Electronic Digital Beamforming Implementation for Radars[C]. Karachi,Pakistan:MST10 Workshop on Technical and Scientific Aspect of MST, Session Ⅰ – 5,2003.

[27] Berthelier J J, Ney R. GPR, a Ground Penetrating Radar for the NetLander Mission[J]. J Geophys Res, 2003, 108(E4): 8027.

[28] Cantrell B, Graaf J D. Development of a Digital Array Radar (DAR)[C]. Atlanta, GA, USA: 2001 IEEE Radar Conference, 2001: 157 – 162.

[29] Cantrell B. Development of a Digital Array Radar (DAR)[J]. IEEE Aerospace and Electronic Systems Magazine, 2002, 17(3): 22 – 27.

[30] Rabideau D J. An S – Band Digital Array Radar Testbed[C]. Boston, MA, United states: 2003 IEEE International Symposium on Phased Array System and Technology, 2003: 113 – 118.

[31] Rabideau D J. Ubiquitous MIMO Multifunction Digital Array Radar[C]. CA, USA: 2003 IEEE 37th Asilomar Conference on Signal, Systems & Computer, Pacific Grove, 2003, 1: 1057 – 1064.

[32] Szu H, Stapleton R. Digital Radar Commercial Applications[C]. Alexandria, VA, USA: IEEE 2000 International Radar Conference, 2000: 717 – 722.

[33] Graaf J W D. Digital Local – Oscillator Generation Using Delta – Sigma Technique[C]. Long Beach, CA, USA: IEEE National Radar Conf, 2002: 129 – 134.

[34] Day J K. Next Generation Advanced Hawkeye Radar[C]. London, UK: Airborne Early Warning and Battle Management Conference, 7 December 2004.

[35] Wit J D. Innovative SAR/MTI Concepts for Digital Radar[C]. Friedrichshafen, Germany: EUSAR, 2008.

[36] Whittington J S, Devlin J C. A High Performance Digital Radar for Extended Space Weather Investigations[C]. Australian Institute of Physics 17th National Congress, December 2006.

[37] 吴曼青. DDS 技术及其在发射 DBF 中的应用[J]. 现代电子, 1996, (2): 9 – 13.

[38] 徐光争, 纪宝. 未来相控阵天线的波束控制[C]. 电子工业部雷达专业情报网第十届年会论文集, 1993: 238 – 243.

第 2 章
数字阵列雷达原理与特点

2.1 数字阵列雷达原理

数字阵列雷达(图2.1)对每个收发通道的信号进行数字化处理,实现了发射波形产生与接收信号处理的全数字化处理,物理实现基础就是采用DDS在数字域形成发射波形[1],采用模/数(A/D)转换器又将接收的模拟信号变为数字信号进行数据处理,因此每个通道发射及接收波形所需要的幅相数据等参数均单独可控,波束形成灵活、准确。

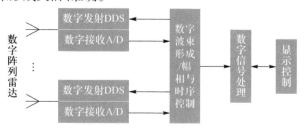

图2.1 数字阵列雷达基本结构(见彩图)

数字阵列雷达的波形产生、发射接收数字波束形成、检测与跟踪处理等所有功能均在全数字化的高速信号处理机中通过软件控制完成,这种处理方式是数字阵列雷达与传统相控阵雷达体制最根本的区别[2-6]。

2.1.1 数字阵列雷达工作原理

数字阵列雷达探测目标基本原理与常规雷达一样,都是通过天线向空间辐射信号,信号遇到目标后反射到雷达,雷达通过接收目标回波检测目标[7]。其与常规雷达工作原理的区别主要体现在实现过程上。

数字阵列雷达收发均没有波束形成网络与移相器,系统组成简单,具有很高的重构性。其基本工作原理是:发射模式下由数字波束形成器给出发射波束扫描所需的幅度和相位控制字,并送数字阵列模块(DAM),DAM在波形产生时预置相位和幅度,经上变频(频率较低时不需要)与放大后由辐射单元发射出去在空间进行功率合成;接收模式下每个单元接收的信号经过下变频(频率较低时不需要)与数字接收后,信号送数字波束形成器、信号处理、数据处理单元进行数字处理。其工作示意如图2.2所示。

数字阵列雷达从波束形成到数据处理均以数字方式实现,具有幅相控制精度高、瞬时动态范围大、空间自由度高、波束形成灵活等典型特征。

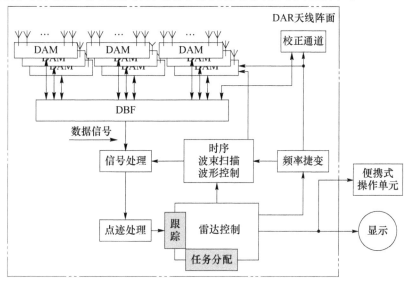

图2.2　数字阵列雷达工作示意图(见彩图)

2.1.2　发射数字波束形成原理

发射波束形成指的是通过器件或设备使一个口径天线沿着空间指定的方向发射信号。

直接数字频率合成(DDS)技术可以通过对数字信号的修改,方便地产生各种波形信号,能够根据需要控制频率、相位改变,灵活地对天线阵列进行相位和幅度加权。

一个典型的DDS芯片结构如图2.3所示,它主要由相位累加器、正弦查询表、数模转换器(DAC)及相应的滤波器(低通或带通)组成。DDS的工作原理为:对于一个给定的系统工作时钟f_c,相位累加器在每一个时钟上升沿与频率控制字(K)累加一次,当累加器完成2^N(N为累加器的长度)次运算后,相位累加器相当于做了一次模余运算。正弦查询表在每一个时钟周期内,根据送给只读存储器(ROM)的地址取出存储在ROM表中与该地址对应的正弦幅值,最后将该值送给DAC与LPF实现量化幅值到一个纯净的正弦信号间的转换,同时正弦信号的相位及幅度可以根据需要分别进行控制。相位累加器的作用是根据从步进寄存器输入的频率控制字,以系统时钟频率 f_c 为采样率,在 2π 周期内对相位进行采样。如果步长(即频率控制字)为 K,采样点数为 $2^N/K$,则输出频率为

$$f_o = K \cdot f_c / 2^N \tag{2.1}$$

从而改变频率控制字 K 就可以精确地改变频率。从式(2.1)可知,可变的最小频率间隔,即最小频率分辨率 $\Delta f_{\min}$ 为

$$\Delta f_{\min} = f_c / 2^N \tag{2.2}$$

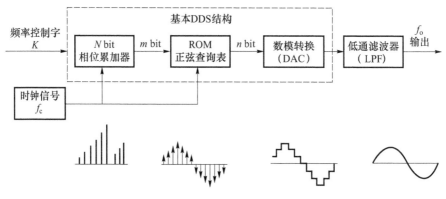

图 2.3　DDS 原理框图

2.1.3　接收数字波束形成原理

波束形成技术是用一定形状的波束来通过有用信号或需要方向的信号,并抑制不需要方向信号的干扰。对于一个线性阵列天线,如图 2.4 所示,该天线各阵元都相同,间距相等为 d,形成一个一维线阵。假设入射波为平面波,频率为 ω_0,入射角为 θ。根据互易定理,以下分析所得结果对发射天线阵也同样适用。

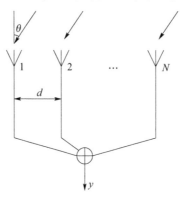

图 2.4　阵列天线工作原理图

以阵元 1 为参考点,不考虑互耦,设其接收到的信号为
$$x_1(t) = e^{j\omega_0 t} \tag{2.3}$$
若入射信号为远区信号,则第 i 个阵元所接收到的信号为
$$x_i(t) = e^{j(\omega_0 t - (i-1)\phi)} \tag{2.4}$$
式中
$$\phi = \frac{2\pi d}{\lambda}\sin(\theta) \tag{2.5}$$
从而阵列的输入信号矢量可以表示为
$$\boldsymbol{x}(t) = e^{j\omega_0 t}[1, e^{-j\phi}, e^{-j(N-1)\phi}]^T = e^{j\omega_0 t}\boldsymbol{A} \tag{2.6}$$
式中
$$\boldsymbol{A} = [1, e^{-j\phi}, e^{-j(N-1)\phi}]^T \tag{2.7}$$
为方向矢量。

对于一个固定天线阵列,由于各单元同相激励,其方向图波束指向总是指向阵列法线方向。如果信号从非法线方向入射,则不能获得最大输出功率,或者说没有指向期望信号的方向。如果对各阵元的输入乘上一个权,如图 2.5 所示,则可通过改变权矢量来改变方向图,如波束指向、主瓣宽度、副瓣电平等。

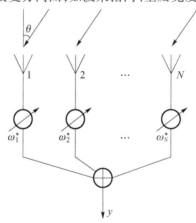

图 2.5 带加权矢量的天线阵列

其中权矢量
$$\boldsymbol{W} = [\omega_1, \omega_2, \cdots, \omega_N]^T \tag{2.8}$$
则输出信号的幅度为
$$F(\theta) = |y| = |\boldsymbol{\omega}^H \boldsymbol{A}(\theta)| \tag{2.9}$$

当权矢量 $\boldsymbol{\omega}$ 取全 1 时,波束图仍是指向法线方向,若各阵元权的幅度为 1,相位按一定规律变化,则可控制波束指向。使波束指向 θ_0 的权为
$$\boldsymbol{\omega}_s = A(\theta_0) = [1, e^{-j\phi_0}, e^{-j(N-1)\phi_0}]^T \tag{2.10}$$

式中

$$\phi_0 = \frac{2\pi d}{\lambda}\sin(\theta_0) \qquad (2.11)$$

此时的幅度波束图

$$F(\theta) = |\omega_s^H A(\theta)| = |\sum_{i=1}^{N} e^{j(i-1)(\phi-\phi_0)}| \qquad (2.12)$$

可以看出,改变 θ_0 即可改变波束指向。如果同时对幅度进行加权,则还可以获得低副瓣的特性。

2.2 数字阵列雷达特点分析

2.2.1 数字阵列雷达的天线副瓣、瞬时动态、空间自由度分析[8-9]

2.2.1.1 天线副瓣

相控阵雷达控制精度主要体现在对相位、幅度的控制精度上,传统相控阵雷达对相位的控制通过移相器实现,对幅度的控制通过衰减器实现。数字阵列雷达在发射与接收通道实现了数字化器件的全面应用,主要是用 DDS、A/D 代替了传统相控阵雷达的移相器、衰减器。

对传统相控阵雷达而言,其幅相精度由移相器(衰减器)位数决定,为

$$\Delta\phi_{\min} = \frac{2\pi}{2^k} \qquad (2.13)$$

式中:$\Delta\phi_{\min}$ 为最小相移量;k 为移相器位数。

对数字阵列雷达而言,其幅相精度由 DDS 控制位数或 A/D 位数决定,为

$$\Delta\phi_{\min} = \frac{2\pi}{2^n} \qquad (2.14)$$

式中:$\Delta\phi_{\min}$ 为最小相移量;n 为 DDS 控制位数或 A/D 位数。

以移相器典型位数 8bit,DDS 控制位数典型值 14bit 为例计算,数字阵列雷达与传统相控阵雷达相比,相位控制增加了 6bit,发射控制精度提高了 32 倍(2 的 6 次方)。以衰减器/移相器典型位数 8bit、A/D 位数典型值 14bit 为例计算,数字阵列雷达与传统相控阵雷达相比,幅相控制增加了 6bit,接收控制精度也提高了 32 倍(2 的 6 次方)。图 2.6 给出了不同误差下的波瓣比较,其中实线表示误差 5°,虚线表示误差 1°。

2.2.1.2 瞬时动态分析

接收系统动态范围 D_r 定义为接收机的最大接收信号与最小接收信号功率之比,最小接收信号功率通常用接收机的内部噪声功率代替,因此动态范围为最

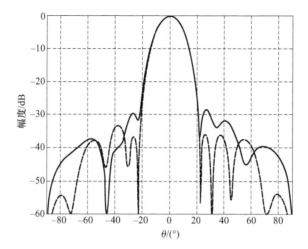

图 2.6　误差 1°/误差 5°的波瓣比较

大接收信号的功率与接收机内噪声的比值。

按此定义,以分贝数表示的目标信号的动态范围为

$$D_r = D_R + D_{RCS} + D_{S/N} + D_F \quad (2.15)$$

式中：D_R 为目标回波功率随距离变化引入的动态

$$D_R = 10\lg\left(\frac{R_{max}}{R_{min}}\right)^4 \quad (2.16)$$

D_{RCS} 为目标雷达截面积(RCS)变化引入的动态

$$D_{RCS} = 10\lg\left(\frac{\sigma_{max}}{\sigma_{min}}\right) \quad (2.17)$$

$D_{S/N}$ 为雷达检测目标所需的最低信噪比

$$D_{S/N} = S/N \quad (2.18)$$

D_F 是接收机带宽与信号带宽失配要求的动态增加量,即实际带宽超过信号带宽的分贝数

$$D_F = B_c/\Delta f \quad (2.19)$$

雷达接收到的回波大致分为三类：第一类是来自目标的回波信号；第二类是来自各种背景的回波信号,如地面、海洋和云雨等的回波信号；第三类是干扰信号,包括故意释放的有源干扰信号和干扰箔条的回波以及来自同波段的其他非敌意辐射源的干扰信号。

以目标信号为例进行分析,若雷达的作用距离最大值与最小值比值为 10,则要求 $D_R = 40dB$。

若雷达观测目标包括 RCS = $10m^2$ 以上的大型目标和 RCS = $0.01m^2$ 以下的小型目标,RCS 变化范围为 30dB,则要求 $D_{RCS} = 30dB$。

从相控阵雷达信号检测与多目标跟踪出发,要求单个脉冲的信噪比多为 10～20dB,则 D_{SN} = 10～20dB。单考虑以上三项,接收机动态范围应在80～90dB。如再考虑杂波和有源干扰,则对接收机的动态范围的要求还要增加。雷达的瞬时动态范围反映了雷达同时探测最远小目标和最近大目标的"包容"能力,瞬时动态范围越大,就越容易发现较远的小目标。雷达系统瞬时动态范围主要由单路接收机动态、接收机路数等因素决定。传统相控阵雷达通过模拟合成网络形成波束后通过接收机接收,接收通道数有限,通常为和波束通道接收机,俯仰差波束接收机,方位差波束接收机等,其瞬时动态范围由单路接收机决定。数字阵列雷达先接收后合成,其每个天线单元都有一个接收机,在形成和波束、差波束时通过将每路接收信号进行不同的数字加权运算实现,因此,数字阵列雷达接收机路数比传统相控阵雷达多得多,由于波束形成是通过数字运算实现,其运算位数可根据需要进行扩展,因此其瞬时动态范围比传统相控阵雷达大得多。例如,以具有1000个天线单元的雷达为例,对于形成相同的接收和波束,数字阵列雷达接收机路数是传统相控阵雷达的1000倍,在单个接收机动态性能一致的情况下,数字阵列雷达瞬时动态范围理论上可比传统相控阵雷达大1000倍(30dB)。

2.2.1.3 空间自由度分析

空间自由度反映的是雷达在空间维上可利用信息的多少,其与天线单元数、接收通道数等有关。传统相控阵雷达天线单元数多,但通过模拟合成网络后,接收通道数有限;而数字阵列雷达的天线单元和接收通道通常是一致的,依靠发射波形进行发射多波束控制,提升发射波束的空间自由度,依靠接收波束的运算可形成独立的接收波束。例如,以具有1000个天线单元的雷达为例,对于传统相控阵雷达,通过模拟合成网络形成和波束、差波束,再送接收机后,其空间自由度就为和波束、差波束接收机数量;对于数字阵列雷达,由于每个天线单元后都有一个接收机,因此其空间自由度达到了最大,即1000个。

2.2.2 数字阵列雷达技术特点与难点分析

2.2.2.1 数字阵列雷达优势[10-12]

1) 接收数字波束形成的主要优势

普通相控阵雷达依靠波束形成网络在射频或中频合成各路阵列信号,波束个数和波束形状决定了波束形成网络的复杂度及其可实现性。此外波束形成网络会引入插入损耗,需要在前端进行增益补偿,以降低对波束形成后的目标信噪比的影响。而数字波束形成是通过对阵列各单元输出数字信号的数学运算方式形成波束，具有按照距离单元进行波束计算的能力，波束数和波束形状只和波束形成器的运算能力相关。波束形成的灵活性无与伦比，其主要特点如下：

（1）在不损失信噪比的情况下，产生多个独立的可控波束。对于数字波束形成，信号一旦数字化后信噪比就确定下来（由接收模块确定）。在不降低信噪比的情况下，对接收信号进行数字处理便可形成多个同时的低副瓣密集波束，理论上可以产生无穷多个任意密集的波束，从而提供了同时检测与跟踪多目标的能力。这是模拟波束形成器所无法比拟的。

（2）便于阵列单元方向图校准。阵列天线单元间存在互耦效应，导致阵列天线单元方向图不能实现一致，直接妨碍精确的系统方向图控制和超低副瓣电平的实现。采用数字波束形成可以很方便地校正这些影响，从而改善方向图的质量。实际工作中，互耦系数可以测量得出，然后计算出互耦系数逆矩阵，并与数字化的阵列信号相乘，则可实现互耦的校正。图2.7所示为一个8单元线阵的实际测量结果，图中实线、虚线分别表示互耦校准前、后实测的30dB切比雪夫方向图。从图中可以看出，数字波束形成校正的效果是明显的。

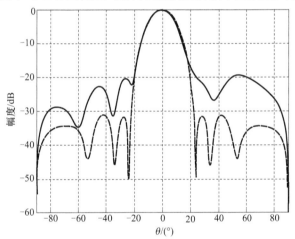

图 2.7　8 单元线阵的互耦效应

（3）易于实现自校准和超低副瓣。接收信号的数字化使内置信号监测成为可能，接收通道可进行联机实时校准。校准的程序很容易实现通道幅相校正，并将校正系数送入数字波束形成系统中。因此，对接收通道的绝对误差的要求可降低，而只需系统稳定就可获得超低副瓣和高质量的天线性能。例如，瑞典国防研究院的12单元数字波束形成线阵就实现了 -47dB 峰值副瓣电平的高质量方向图。并可将单元之间由于互耦引起的幅度误差校正到 ± 0.1dB，而5MHz信号带宽内的带内起伏通过均衡可校到 ± 0.05dB，所有校正可维持两周的时间而保持良好的性能。图2.8给出了在上述误差下，采用50dB泰勒加权的方向图。

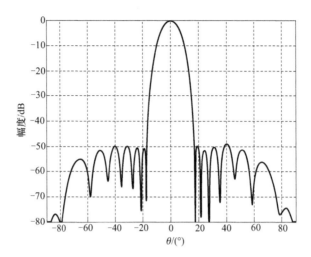

图 2.8　天线方向图(50dB 泰勒加权)

（4）自适应方向图零位形成。在日益恶劣的电子战环境中,如何自动地抑制干扰源,将是一件十分有意义的事。自适应零位形成的基本思想是:自动地收集干扰源信号的先验信息,并求出相应的自适应加权系数,加到数字波束形成处理器上,则可在干扰方向上形成零位,从而达到抑制干扰的目的。如何求解自适应权值属于自适应阵列处理的范畴,衡量自适应零位形成性能的主要指标有两项:一是零点深度;二是自适应权值的更新时间(它决定了对外界干扰信号变化的反应能力)。目前能做到的水平是:零深可达 -60dB,权值更新则在微秒量级上。

（5）可获得超分辨力。众所周知,角分辨力受到波束宽度的限制(这就是著名的瑞利极限),而先进的超分辨处理用于数字波束形成则可分辨出超瑞利极限之外的点源。数字阵列雷达的天线阵列由一组相互独立的阵元组成,可以完成对回波信号的空间采样,邻近方向的不同目标会呈现不同的空域特性,通过对回波进行空间谱分析,就能得到目标精确的波达角。子空间分解类算法是具有代表性的超分辨谱估计算法,包括多重信号分类(MUSIC)算法和旋转不变子空间(ESPRIT)算法。MUSIC 算法的思想是将回波的协方差矩阵进行特征分解得到相互正交的信号子空间和噪声子空间,再通过谱峰搜索得到目标所在的位置;ESPRIT 算法的思想是在获得信号的数据协方差矩阵之后,将它们分解成两个结构完全相同的子阵,通过获得两个子阵信号之间的固定相位差来得到来波方向。MUSIC 算法性能略优于 ESPRIT 算法,而 ESPRIT 算法处理实时性好。子空间分解类算法对于非相干源有很好的估计性能,而对于相干源还需要进行相应的解相干处理。目前空间谱估计技术研究的重点在于如何在低信杂比的情况下获得良好的分辨力。

(6) 灵活的雷达功率和时间管理。雷达功率和驻留时间是雷达的宝贵资源,而数字加权的灵活性允许对这些资源就各种功能作最佳配置,搜索和跟踪可以用不同的波束形式来完成;每个距离单元也可用不同的方向图接收,以便在诸如本地的杂乱回波或箔条的附近形成区域相关的方向图零点;在一般搜索状态检测到目标后,对重点目标还可用更高的天线增益和更长的照射时间进行跟踪测量。总之,数字波束形成技术可以根据环境的要求形成相应的波束,以适应于该瞬间特定的电子对抗环境,这是其他波束形成方法所不能想象的。

(7) 自适应时空处理。数字阵列在一个相干处理时间(CPI)内接收的回波数据是一组多通道数据块,同一距离单元同一时刻在不同通道的回波数据构成空域采样,同一距离单元同一通道在不同时刻的回波数据构成时域采样。杂波的空时二维谱是一个与杂波单元的空时导向矢量有关的量,其中空时导向矢量为该单元的空域导向矢量与时域导向矢量的 Kronecker 积。杂波二维谱的能量被约束在角度-多普勒迹上,机载雷达杂波的角度-多普勒迹为一条对角线,而天基雷达的角度-多普勒迹由于受地球自转影响而呈现弯曲形状。机载雷达或空间雷达平台的移动会造成与方位有关的杂波回波多普勒频移,总的杂波回波所造成杂波谱的多普勒带宽会使低多普勒频移目标落在杂波带宽之内,当采用一维 MTI 滤波器时目标的检测性能会严重下降。空时自适应处理(STAP)是在多通道雷达技术的基础上,为抑制分布在很大的多普勒频段上的地杂波而提出的一种新技术。STAP 可以从角度域和多普勒域同时区分目标和杂波,在杂波的空时分布处形成很深的凹口,能有效地抑制杂波,同时拥有极低的最小可检测速度。机载雷达 STAP 技术运用已比较成熟,而天基雷达相对地面运行速度高、距离地面远,雷达波束覆盖范围大,地杂波多普勒频率高、频谱扩展严重,且在地球自转的影响下,地杂波的多普勒频率由于有时变的偏航角和偏航幅度,杂波抑制难度较大,目前已成为国内外研究的热点。

(8) 适合于多站工作。数字波束形成接收系统特别适合于双站或多站工作,以构成双/多基地雷达系统,国内外几个比较典型的现代意义的双基地雷达系统均毫无例外地采用了数字波束形成技术。

2) 发射数字波束形成的主要优势

上述接收波束形成的理论同样可以用到发射数字波束形成,因此下面只简要介绍发射数字波束形成及优点。发射数字波束形成是将传统相控阵发射波束形成所需的幅度加权和移相从射频部分放到数字部分来实现,从而形成发射波束。发射数字波束形成系统的核心是全数字 T/R 组件,它可以利用 DDS 技术完成发射波束所需的幅度和相位加权以及波形产生和上变频所必需的本振信号。发射数字波束形成系统根据发射信号的要求,确定基本频率和幅/相控制字,并考虑到低副瓣的幅度加权、波束扫描的相位加权以及幅/相误差校正所需的幅相加权因子,形成统一的频率和幅/相控制字来控制 DDS 的工作,其输出经过上变频模式形成所需工作频率。

发射数字波束形成主要优点有:

(1) 发射波束的形成和扫描采用全数字方式,波束扫描速度更快更灵活。

(2) 通道的幅相校正易于实现,只需改变有关模块中 DDS 的相位、幅度控制因子,而无需专门的校正元器件。

(3) 幅度和相位可精确控制,易于实现低副瓣的发射波束和发射状态下的波束零点。

(4) DDS 技术既能实现移相,又能实现频率的产生,因而,DDS 控制阵列天线将无需宽带的本振功分网络而只需向每个模块送入单一的连续波时钟信号。

(5) 对大阵列、长脉冲信号而言,孔径的渡越时间是个难以克服的问题,而发射数字波束形成技术则可以在波形产生阶段通过内插的方式产生任意时延,实现孔径渡越的补偿。

3) 数字阵列雷达的技术特点

(1) 降低系统损耗,提升雷达探测能力。一方面,波束加权和脉压加权在不同距离上可灵活设定,这样可实现近距离低副瓣和远距离低损耗,兼顾了近区反杂波和远区弱目标信号检测。另一方面,对于固定发射与接收波束单波束,天线增益随偏离最大波束的角度呈单程增益的平方次下降。而在数字阵列雷达体制下,可以利用数字波束形成的同时多波束能力,通过合理设计,形成多个指向不同俯仰角度的高增益笔状接收波束以弥补接收天线增益随偏离最大指向角的下降,降低波束交叠带来的目标损失,从而有利于提高雷达探测威力。

(2) 探测精度高。常规雷达采用的顺序扫描测角、波束扫描测角,在数字阵列雷达中可同时对多波束、不同距离波束数和波束指向灵活控制,波束交叠电平低,可以采用多波束联合参数估计的方法实现高精度目标测量。

(3) 易于实现超低副瓣。常规相控阵雷达使用数字移相器的位数受到限制,高位数移相器的移相精度很难得到保证,需采用虚位技术且副瓣电平受到影响,另外移相器和衰减器的精度和量化误差影响了副瓣电平,而数字阵列雷达有高的幅相控制精度,所以可以获得更高的天线性能。天线副瓣低,降低了雷达副瓣杂波强度,提升了强杂波背景下检测目标的能力。

(4) 宽带宽角扫描情况下,容易解决孔径渡越问题。常规体制的相控阵雷达一般是在子阵加实时延迟线来实现宽带宽角扫描,因而系统非常复杂,而数字阵列雷达很容易利用调整时序来解决孔径渡越问题。

(5) 易实现多波束及自适应波束形成。空间探测/导弹预警等情况下雷达需采用多波束工作方式,这样可以充分利用能量。以模拟方式形成多波束无比复杂,数字阵列雷达每个天线单元均采用数字化接收,在数字域实现多波束比较容易实现。另外,为了同时满足高精度和高搜索、跟踪的数据率也需要多波束。由于数字阵列雷达拥有充分的自由度,因此实现自适应波束形成也是非常容易的。空间自由度高,为自适应处理提供了最大的自由度,通过灵活运用自由度进行自适应处理,可对干扰信号进行空域、时域采样,通过空域、时域自适应滤波,如图2.9所示,数字阵列雷达可抑制空间多个干扰源的干扰,提高系统的抗干扰能力,满足未来复杂电磁环境条件下作战使用需求。

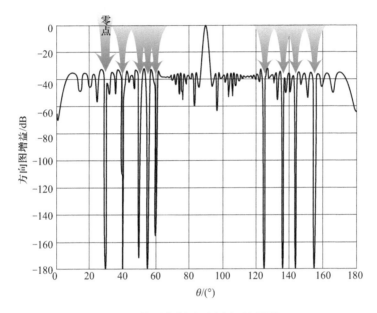

图2.9 抗干扰得益示意图(见彩图)

(6)大的动态范围。数字阵列雷达比常规相控阵雷达有更大的系统动态,如1000个单元的数字阵列,其系统动态可增加30dB(图2.10),在强杂波背景下不需要延迟自动增益控制(DAGC)等措施,可无损失保留小目标信息,结合先进信号处理与目标检测技术,可极大提高在强杂波背景下的小RCS目标的探测能力。

图2.10 瞬时动态得益示意图(见彩图)

(7) 易实现多功能。利用数字阵列雷达灵活的功率和时间管理优点,可实现雷达的多功能。

(8) 可制造性强、全周期寿命费用低。数字阵列雷达无射频波束形成网络和馈线网络,采用的是模块化设计,其基本单元是数字阵列模块(DAM),数字阵列雷达可以由数百个甚至数千个 DAM 拼装而成,这样可以大大增加系统的可制造性和缩短研制周期,同时降低全周期寿命费用。

(9) 系统任务可靠性高。当数字阵列雷达有限个接收通道失效时,系统通过更改波束形成系数可减弱失效通道的影响。另外,由于采用了模块化的 DAM 设计,系统的可维修性非常好。

(10) 系统集成度高,重量轻,平台适应性好。

数字阵列雷达中数字阵列模块采用高密度电路设计,高集成芯片构建,光纤传输网络,相对现有同样性能的相控阵体制预警雷达而言,体积、重量将大大减小,可适装多种平台。

2.2.2.2 数字阵列雷达主要难点[13-16]

数字阵列雷达在技战术上具有非常明显的优势,正得到越来越多的应用,但作为一种新体制雷达在实现上也有些难点,主要有如下方面。

1) 收发同步控制技术

数字阵列雷达正常工作需要每个单元都同步受控,同步精度为同步时钟频率的倒数。在发射时,若不能实现同步控制,则得不到发射合成波束,且单元相互间还会产生干扰,系统不能正常工作;在接收时,若不能实现同步控制,则得不到接收合成波束,且还可能引起数据错误。数字阵列雷达收发单元根据规模不同,可从几个到几万个不等,由于每个收发单元都是独立控制,所以数字阵列雷达系统工作时相当于有几部到几万部小型雷达同时工作,可见,收发同步控制就是要实现几部到几万部小型雷达按控制同步工作,因此,该技术是数字阵列雷达的实现难点之一。

2) 大容量数据传输与处理技术

数字阵列雷达采用单元级数字化架构,收发系统达成千上万路接收机,每路接收机输出 I、Q 信号,即使在几兆赫窄带采样数据率下,总的数据传输率也可达 1000Gbit/s,数字阵列雷达正常工作需要实现大容量的数据传输与同步处理,因此,该技术是数字阵列雷达的实现难点之一。此外,为充分发挥数字阵列雷达优势,需要解决计算平台问题,支持实时多波束形成及先进信号处理、高速数据存储交换、并行信号处理等技术。

3) 集成化设计与制造技术

数字阵列雷达是从传统相控阵基础上发展来的一种先进雷达,其面临每个通道因复杂度增加,带来的成本、可靠性问题。通过采用多路集成化设计、多功能芯片、密集封装实现集成化、模块化、通用化。高密度系统集成与电磁兼容、多层微带电路应用、多路中频数字收发、批产自动测试、大规模生产中性能一致性等相关集成化设计与制造技术是保证数字阵列雷达大规模工程应用的重要因素。

参考文献

[1] 吴曼青. 基于DDS的收发全DBF相控阵技术[J]. 高技术通信,2000,10(8):42-44.

[2] Mairson T,Cann A J,Green G R,et al. Adaptive Phased Array Radar System[R]. AD807444:Jan 1967.

[3] Anderson V C. Digital Array Phasing[J]. The Journal of the acoustical society of America,1960,32(7):867-870.

[4] Steyskal H. Digital Beamforming Antennas[J]. Microwave Journal,1987,30(1):107-124.

[5] 吴曼青. 数字阵列雷达及其进展[J]. 中国电子科学研究院学报,2006,1(1):11-16.

[6] 朱庆明. 数字阵列雷达述评[J]. 雷达科学与技术,2004,6(3):136-146.

[7] Cantrell B H,Graaf D,Leibowitz J W,et al. Digital active-aperture phased-array radar[C]. Piscataway,NJ,United States:IEEE International Conference on Phased Array Systems and Technology,2000:145-148.

[8] Li Y,Lv H,Sun P,et al. Study on search performance of subarray multi-channel phased array radar based on multiple received beams[C]. Xi'an,China:IET International Radar Conference,2013:1-6.

[9] 熊尖兵,明文华. 真延时步进精度对宽带数字阵列雷达天线副瓣的影响[J]. 舰船电子对抗,2012,35(2):87-90.

[10] Tarran C. Advances in affordable Digital Array Radar[C]. London,United Kingdom:IET Waveform Diversity & Digital Radar Conference,2008:1-6.

[11] 吴曼青. 大有作为的数字阵列雷达[J]. 现代军事,2005,10:46-49.

[12] Voskresensky D I,Dobychina E M. Digital antenna array for multifunctional on-board radar[C]. Sevastopol,Crimea,Ukraine:21st International Crimean Conference:Microwave & Telecommunication Technology,2011:525-526.

[13] Long W,Ben D,Pan M,et al. Opportunistic Digital Array Radar and its technical characteristic analysis[C]. Guilin,China:IET International Radar Conference,2009:1-4.

[14] 吴曼青. 收发全数字波束形成相控阵雷达关键技术研究[J]. 系统工程与电子技术,2001,23(4):45-47.

[15] Barton P. Digital Beam forming for Radar[J]. IEE Proc.,1980,127(4):266-277.

[16] Heer C,Schaefer C. Digital beamforming technology for phased array antennas[C]. Athens,Greece:International Conference on Space Technology,2011:1-4.

第 3 章
数字阵列雷达系统设计技术

3.1 数字阵列雷达总体设计技术

3.1.1 数字阵列雷达的系统架构设计

数字阵列雷达在架构上可设计为数字阵列模块(DAM)+光纤传输+高性能处理。在数字阵列雷达系统中,将多个数字 T/R 组件进行集成设计,形成一种新颖的综合性雷达前端功能模块,称为"数字阵列模块(DAM)"。它是一个互换性要求很高的最小可维修的单元,每个 DAM 集成了多路数字 T/R 组件、波形产生电路、多通道控制电路、数字接收机、电源模块等,是新型体制的全数字相控阵雷达的关键模块。高性能处理主要包括数字波束形成(DBF)、数字信号处理、数据处理等,采用高性能计算平台实现先进算法实时处理。在 DAM 和高性能计算平台,所有的控制信号和数字化信号都通过光纤传输。基于光纤信号传输的数字阵列模块设计技术可以采用"搭积木"的方式构建大型复杂相控阵雷达,具有模块化、可扩充、易重构和高任务可靠性的鲜明特征,极大地提升了雷达系统的灵活度[1-7]。

3.1.2 数字阵列雷达系统功能与系统组成

数字阵列雷达系统功能包括:功率信号发射与弱信号收集,收发通道补偿、天线收发校正,功率信号产生与弱信号放大,射频与基带间的系列变换,高速数传、发射与接收数字波束形成以及雷达信号处理、形成点迹、航迹处理、形成情报,人机界面、任务管理,全机时序、BIT 监控、频率管理,波束信息储存、离线处理分析。

数字阵列雷达主要功能流程设计如图 3.1 所示。

数字阵列雷达一般由数字有源阵列收/发分系统、信号处理分系统、数据处理分系统等组成,其中数字有源阵列收/发分系统由天线阵面、幅相校正网络、功分网络和数字阵列模块组成,信号处理分系统由数字波束形成、数字信号处理组成。

数字阵列雷达典型系统框图如图 3.2 所示。

第 3 章 数字阵列雷达系统设计技术

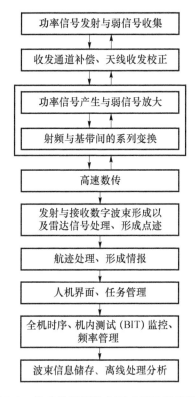

图 3.1　数字阵列雷达主要功能流程设计图

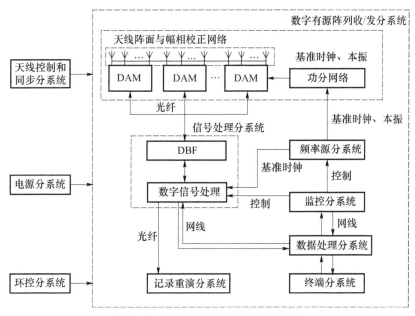

图 3.2　数字阵列雷达典型系统框图

图 3.2 中,功分网络将频率源分系统输出的基准时钟、本振等信号分配到数字有源阵列收发分系统中的数字阵列模块和信号处理分系统等。

3.1.3　数字阵列雷达主要分系统简述

数字阵列雷达主要分系统包括数字有源阵列收/发分系统、信号处理分系统、数据处理分系统、终端分系统、监控分系统、记录重演分系统。

数字有源阵列收/发分系统由天线阵面、幅相校正功分网络和数字阵列模块(DAM)组成,主要完成功率信号发射与弱信号收集、收/发通道补偿、天线收发校正、功率信号产生与弱信号放大、射频与基带间的系列变换。

信号处理分系统主要完成发射与接收数字波束形成以及雷达信号处理,形成点迹。

数据处理分系统主要完成航迹处理、形成情报。

终端分系统主要完成人机界面、任务管理。

监控分系统主要完成全机时序、BIT 监控、频率管理。

记录重演分系统主要完成波束信息储存、离线处理分析。

数字阵列雷达主要功能流程与硬件平台典型对应图如图 3.3 所示。

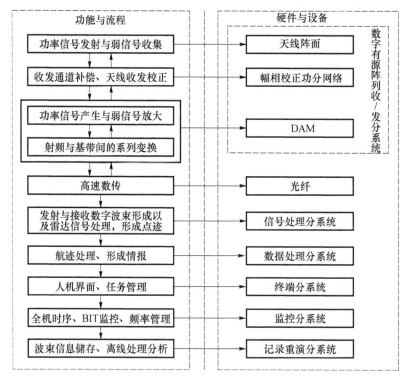

图 3.3　数字阵列雷达主要功能流程与硬件平台典型对应图

3.2 数字阵列雷达优化设计技术

3.2.1 多功能设计技术

在现代战争环境下,多功能相控阵雷达可充分利用波束控制的灵活性高、覆盖空域大等优点,根据战术需要设计多种典型工作模式,每种工作模式所针对的目标类型和目标环境各有侧重,充分发挥装备的最大探测效能。研究表明,多功能一体化的最佳实现方式是共用宽带阵面。数字化尽可能地靠近射频前端,在软件上实现多功能,这就对系统的体制提出了限制。数字化雷达能够很好地解决这一问题,可以实现一体化综合电子系统要完成的搜索、跟踪、制导、火控、通信和侦察、干扰等功能[8]。

数字阵列雷达灵活波束形成能力,使发射波束可根据需要任意调整波束宽度,既可实现任意指向的高增益窄波束,也可实现全区域覆盖的宽波束,而接收波束在不损失信噪比的情况下,可同时形成大量的同时多波束,结合数字阵列雷达灵活的时间与功率管理优点,既易于实现雷达自身的多功能,也易于实现雷达、对抗、通信等功能的一体化。

由于多功能综合射频系统各部分功能具有共同的射频通道、信号处理和显示,因此,硬件平台需要具有通用性和可扩展性,这是实现数字化雷达的硬件基础。数字化雷达的硬件平台需要具有很强的通用性和可扩展性,通过软件配置同时实现多功能,这是数字化、软件化雷达的最重要特征。通过采用的数字阵列模块、通用处理机等硬件设备,通过加载新的软件模块等多功能设计,使得雷达可在复杂电磁环境下,实现多类目标探测、跟踪、拦截一体化能力。同时,多功能可使雷达的作战效能成倍提高,真正实现以一当十。

大容量、高速、通用多功能信号处理机,应具有大容量并行处理的能力,可同时执行雷达的多种功能并具有先进的信息提取算法,如不同数据率的搜索、跟踪、高数据率武器控制、检测快速目标、烧穿和目标分类识别等功能。因此,需要重点研究高速信号处理机和高效并行算法,以使得多种先进的信号处理方法可以应用于数字阵列雷达中,使其适应在复杂战场环境下探测各类目标的需求,能够对付多个有源电子干扰、实现同时多功能、对付高速隐身目标、完成多目标精密跟踪。

在兼顾雷达多功能实现的过程中,数字阵列雷达的优化设计和资源优化调度问题就显得尤为重要。能量和精度是数字阵列雷达设计中的主要问题,而雷达的时间、空域、能量和精度的选择是相互制约的。雷达发展初期由于技术上的各种制约,往往只能用一个宽的波束来覆盖整个距离和高度,这样的波束造成了仰角波束中心能量的浪费和高低仰角区域的漏警区,合理的能量配置对大威力雷达尤为重要。随着数字阵列雷达的发展，易于实现较窄波束宽度的多波束和自适应波束形成，可通过改变每个波束位置的天线增益、功率和驻留时间来达到最佳能量分布设计。例如，在干扰环境中，加大接收天线面积，进入接收机的干扰也随着增大，加大接收天线面积无助于增大检测因子，雷达的抗宽带干扰能力只与功率有关。提高发射天线增益虽然不能减小干扰强度，但干扰空间角度被减小了，还是会带来一些好处。

数字阵列雷达系统设计选择的主要技术参数有雷达波长、天线孔径、天线形式、发射功率、信号形式等。数字阵列雷达的系统优化设计需要按照初始条件，首先设计仰角空域，然后计算在满足数据率前提下的波束驻留时间和水平波束宽度，计算功率孔径积，最后选定频率。有时用户提出的要求可能很具体、详细，除了战术要求外，还会包括详尽的技术指标及一些分系统的指标和要求。此时系统设计可供选择的余地相对较小，设计的任务主要是如何用最简单、最可靠、最经济的方法来实现这些要求。

3.2.2 覆盖空域扩展技术

对于固定发射与接收波束单波束，天线增益随偏离最大波束的角度呈单程增益的平方次下降。而在数字阵列雷达体制下，可以利用数字波束形成的同时多波束能力，通过合理设计，形成多个指向不同俯仰角度的高增益笔状接收波束以弥补接收天线增益随偏离最大指向角的下降，以使得在探测区内天线的双程增益和单程增益相关，实现双程增益单次方下降。雷达探测能力和雷达的收发双程天线增益呈4次方关系，因此，如图3.4所示，充分利用接收多波束的能力收集发射波束的能量，有望实现探测空域的扩展。

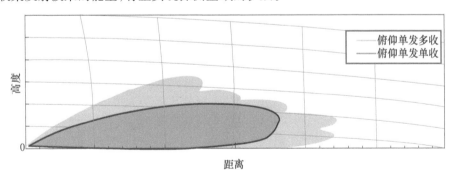

图3.4 接收多波束扩展空域实现效果示意图（见彩图）

以机载预警雷达为例，给出数字阵列雷达接收多波束优化设计方法如下。

步骤1：计算探测空域扩展的边界能力。在雷达设计中可以利用雷达的双程天线波瓣图，计算相应的空间威力覆盖图。

根据载机提供的重量、体积、功耗等限定条件及使用副瓣要求,设计天线长度 L、高度 H、平均发射功率 P_{av}、加权系数 W。L、H 不大于载机提供的安装尺寸; $P_{av} = P \times \eta$,其中 P 为载机提供的功耗,η 为雷达效率;W 加权深度比副瓣指标要求高 5dB;按天线方向图综合方法,得到天线发射俯仰波束宽度 θ_{t_v}、发射方位波束宽度 θ_{t_h}、接收俯仰波束宽度 θ_{r_v}、接收方位波束宽度 θ_{r_h},$\theta_{t_v} = 51 \times \lambda \times E_{t_v}/H$、$\theta_{t_h} = 51 \times \lambda \times E_{t_h}/L$、$\theta_{r_v} = 51 \times \lambda \times E_{r_v}/H$、$\theta_{r_h} = 51 \times \lambda \times E_{r_h}/L$,其中 λ 为雷达工作波长、E_{t_v} 为发射波束加权引起的俯仰波束展宽系数、E_{t_h} 为发射波束加权引起的方位波束展宽系数、E_{r_v} 为接收波束加权引起的俯仰波束展宽系数、E_{r_h} 为接收波束加权引起的方位波束展宽系数;发射增益 $G_t \approx 40000/(\theta_{t_h} \times \theta_{t_v})$,接收增益 $G_r \approx 40000/(\theta_{r_h} \times \theta_{r_v})$,将上述参数代入雷达方程 $R_{max}^4 = \dfrac{P_{av} G_t G_r \lambda^2 \sigma}{(4\pi)^3 k T_0 B_n D_0 F_n L}$,其中 k 为玻耳兹曼常数,T_0 为基准噪声温度,F_n 为噪声系数,B_n 为多普勒带宽,L 为损耗,D_0 为检测因子,得到雷达最大作用距离 R_{max}。

在发射方向图不变的条件下,连续改变接收波束指向,获取连续变化的双程波瓣图,并计算相应的各个空间威力覆盖图。最终取各威力图的覆盖边界最大值的包络,形成该方法的空域扩展理论边界值。

步骤 2:针对给定的覆盖空域要求(如覆盖高度),对比理论边界是否在理论边界内,如在理论边界内,则可以单次扫描实现全空域覆盖。根据空域覆盖要求,求取对天线收发综合方向图要求。

步骤 3:给定最大可实现的接收波束数,以要求的收发天线综合方向图和限定数量的接收波束综合方向图的覆盖区域差作为目标函数,优化得到各波束的波束指向。

根据 θ_{t_h}、θ_{r_h}、R_{max},结合载机巡航高度、发射波束指向 ψ_f、接收波束指向 ψ_r,计算出威力覆盖图,按覆盖高度范围(0~Hm)要求,计算威力覆盖图边界值对覆盖范围的比值 Y。按阶跃间隔 $\theta_{r_h}/20$ 在俯仰可扫描范围 $(\varphi_{min}, \varphi_{max})$ 内遍历调整发射波束指向 ψ_f、接收波束指向 ψ_r 的指向,计算出对应威力覆盖图边界值对覆盖范围的系列比值 $(Y_1, Y_2, \cdots, Y_N)$,求取 $(Y_1, Y_2, \cdots, Y_N)$ 中最大值 Y_{max},其对应收发指向就为单波束条件下的最佳指向。

根据硬件能力确定同时接收多波束数 M,固定单波束条件下的收发最佳指向 ψ_{f_2}、ψ_{r_1},按阶跃间隔 $\theta_{r_h}/20$,在俯仰可扫描范围 $(\varphi_{min}, \varphi_{max})$ 内调整接收多波束指向 $\psi_{r_2}, \cdots, \psi_{r_M}$,计算出对应威力覆盖图边界值对覆盖范围的系列比值,求取这些值中的最大值,其对应的指向就为同时多波束条件下的最佳指向。

步骤 4:根据各波束指向,获取对应的各波束俯仰加权值,将这些加权值通过数字波束形成计算在数字波束形成器里与接收信号进行处理,得到所需的同时接收波束,实现空域扩展。

步骤5:多个检测结果间存在检测到同一个目标的情况,为避免在数据处理时发生目标分裂,对多个检测结果进行融合。

对 M 个接收波束进行独立检测,得到 M 个检测结果,将不同波束对应的每一个检测到的点相互之间进行比较,若距离相差在距离分辨指标范围内,多普勒速度相差也在速度分辨指标范围内,则将这些检测点合并为一个检测点,合并后的点距离取这些点的平均值,多普勒速度也取这些点的平均值,融合后结果送与单波束相同的数据处理单元进行处理。对于不满足上述条件的点则都当作独立检测点送数据处理模块进行点迹、航迹处理,处理方式与单波束情况相同。

整个优化设计方法的流程可以用图3.5来描述。

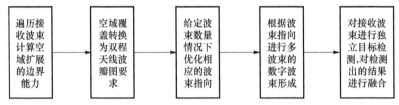

图3.5　接收多波束优化设计方法流程图

3.2.3　波束域抗干扰技术

数字阵列雷达由于使用全数字阵列,其波束灵活、具有按照距离单元进行波束计算的能力,同时能进行阵元间耦合的校准、形成超低副瓣。这些特点为自适应波束形成技术提供了有利条件。波束形成又称空域滤波,是一种利用信号、干扰和噪声在空间的分布及强弱不同,对阵列采样数据进行加权以得到期望信号、抑制干扰和噪声。自适应波束形成技术是将维纳滤波理论应用于空域滤波中,它的权矢量依赖于信号环境。当信号或干扰环境的先验统计特性已知时,可以按照相应的最优准则形成最优波束;当信号或干扰环境的先验统计特性未知时,则需要根据输入的信号或干扰矢量对其统计特性进行自适应估计,形成近似最优波束。

波束形成的一般模型为[9]

$$y(t) = \boldsymbol{W}^{\mathrm{H}} \boldsymbol{X}(t) \tag{3.1}$$

式中: $\boldsymbol{X}(t)$ 表示输入信号矢量; $\boldsymbol{W}^{\mathrm{H}}$ 为对信号所加的权矢量; $y(t)$ 为空域滤波器输出结果。对于平稳的随机信号,输出信号的功率为

$$\begin{aligned} \mathrm{E}[|y(t)|^2] &= E\{\boldsymbol{W}^{\mathrm{H}} \boldsymbol{X}(t) [\boldsymbol{W}^{\mathrm{H}} \boldsymbol{X}(t)]^{\mathrm{H}}\} \\ &= \boldsymbol{W}^{\mathrm{H}} E[\boldsymbol{X}(t) \boldsymbol{X}(t)^{\mathrm{H}}] \boldsymbol{W}^{\mathrm{H}} \\ &= \boldsymbol{W}^{\mathrm{H}} \boldsymbol{R}_x \boldsymbol{W} \end{aligned} \tag{3.2}$$

式中:$\mathrm{E}[\cdot]$ 表示期望运算;$\boldsymbol{R}_x$ 表示输入信号的相关矩阵,$\boldsymbol{R}_x$ 包含了阵列信号所有的二阶统计特性。最优波束形成的一般公式为

$$\begin{cases} \min_{W} W^H R_x W \\ \text{s.t.} f(W) = 0 \end{cases} \quad (3.3)$$

式中：$f(W)$ 表示权值 W 的约束条件。常用的最优波束形成准则包括最大信噪比准则、最小均方误差准则和线性约束最小方差准则，它们各自的最优权表达式以及所需已知条件如表 3.1 所列。

表 3.1 不同滤波准则对比

准则	解的表达式	所需已知条件
信噪比(SNR)	$R_s W_{opt} = \lambda_{max} R_n W_{opt}$	已知 R_s, R_n
最小均方误差(MSE)	$W_{opt} = R_x^{-1} r_{xd}$	已知期望信号 $d(t)$
线性约束最小方差(LCMV)	$W_{opt} = \mu R_x^{-1} a(\theta_0)$	已知期望信号方向 θ_0

表 3.1 中 W_{opt} 为最优权；R_s 和 R_n 分别是信号和噪声的相关矩阵；λ_{max} 是矩阵对 (R_s, R_n) 的最大特征值；$r_{xd} = E[X(t)d^*(t)]$；$d(t)$ 为期望信号；$a(\theta_0)$ 为信号导向矢量；$\mu = \dfrac{1}{a^H(\theta_0) R_x^{-1} a(\theta_0)}$，且 μ 的取值不影响信噪比和方向图。可以证明，在一定条件下这三个准则得到的最优权是等价的。

最优波束形成总是需要若干条件，而这在实际应用中总是很难满足的，这就需要波束形成具有自适应性。自适应波束形成算法以采样协方差矩阵求逆（SMI）为代表，其思想是使用一批包含 M 个快拍的数据块来估计噪声协方差矩阵，即

$$\hat{R}_n = \frac{1}{M} \sum_{i=1}^{M} X(t_i) X^H(t_i) \quad (3.4)$$

式中："^"表示"估计"。

SMI 方法的自适应权矢量使输出功率最小及期望信号方向增益最大，从而在干扰方向形成零陷，达到抑制干扰的目的。在期望信号存在于采样信号中时 SMI 方法的输出信号干扰噪声比（SINR）会降低，而且 SMI 方法会造成高副瓣。廖桂生等分析了副瓣升高机理，副瓣电平升高的原因是因为采样矩阵特征值的分散，小特征值及其对应的特征矢量扰动，这种扰动参与自适应权的计算导致高副瓣。通过多个线性约束方法可以控制副瓣电平，这种方法的缺点是附加的约束会使用来对付干扰的自由度降低，并且由于使用线性或非线性优化算法，导致收敛速度变慢及运算量增加；也可以用迭代方法使副瓣达到期望值。通常防止副瓣升高有两种途径：一是对角加载类方法；二是特征分解类方法。对角加载通过人为注入噪声来加速算法收敛，并具有自适应波束保形及对误差敏感度下降的作用。该方法的缺陷是会使自适应方向图零点变浅，输出信干噪比下降，且加载量也难以确定。基于特征分解（特征空间）（ESB）类方法，也是 ADBF 算法的

一个重要研究方向,基于特征分解(ESB)算法可以解决期望信号相消及有限采样带来的误差问题,提高算法的收敛速度和稳健性。其基本思想是最优权由信号子空间分量和噪声子空间分量组成,只保留在信号子空间的分量。

3.2.4 数字阵列雷达集成化设计

3.2.4.1 DAM 的集成化

数字阵列雷达的收/发系统,包括:多路数字接收机,集数字波形产生和数字移相于一体的多路发射激励模块,发射功放,数据编码、控制、传输子系统等。如果用常规实现手段,系统将是一个非常庞大的系统,这显然不适合数字阵列雷达应用。因此必须进行方案优化设计,采取功能模块高度集成等措施。通过提高系统的集成度和大量的一体化设计,达到减小体积和减轻重量的目的。

在数字阵列雷达系统中,将多个数字 T/R 组件集成设计,形成一种新颖的综合性雷达前端功能模块,称为"数字阵列模块(DAM)"。这种数字 T/R 组件集成设计方式改变了人们长期以来对相控阵雷达的认识。

DAM 组件体积小、元器件多、装配密度大,而且是一个高功率组件,热流密度大,要使元器件和功放管正常工作,就需要良好的散热条件,通过热设计仿真和验证试验,在满足散热要求条件下尽量减轻散热片重量。

DAM 组件是在天线舱体和天线罩所构成的空腔内工作的,冷却空气需要从外部环境导入,给 DAM 进行强迫风冷,风中含有灰尘、冰、雨、水汽等,这种环境下,DAM 组件密封性能要好。在设计时,盒体和盖板之间通过密封圈来保证密封良好。

1) DAM 设计的电磁兼容考虑

DAM 是一个集发射系统、接收系统和信号处理系统全部或部分功能的相对独立的雷达子阵,且需完成收、发、幅/相调整控制等众多功能,大小信号之间、高低频信号之间、信号与电源之间极易产生相互干扰,因此,在设计时必须考虑雷达系统的电磁兼容性问题。

为了保证设备在越来越复杂的电磁环境中正常工作,电信、结构、工艺必须考虑电磁兼容设计。电磁干扰包括传导干扰和辐射干扰。减少传导干扰需要电信进行抗干扰性能设计时考虑,减少辐射干扰主要是通过屏蔽的方法以及良好的接地措施,包括以下几个方面:

(1) 将发射与接收分成独立的空间,以免相互间的干扰。

(2) 由框架组成的雷达阵面舱内走线,尽可能远离工作部位,内部连接导线避免形成环路,规范走线束。

(3) 插座、开关与安装接触面之间的密封胶垫全部采用导电橡胶。

(4) 导线在条件允许下拉直走线,减少导线弯曲增加附加电感。

(5) 低电平小信号采用双层屏蔽,内屏蔽单点接地,外层多点接地。

2) 收发多通道一体化数字阵列单元的设计

DAM 旨在用基于 DDS 技术的移相功能代替传统的微波数字移相器,用其幅度控制功能代替传统的微波数控衰减器。将波束形成和波形形成融合在一起实现发射 DBF;同时在接收支路采用数字接收机技术,接收波束形成采用 DBF。DAM 就是将多通道接收模块和多通道发射模块有机结合起来而形成的,体系结构可以是多种实现方式,如用单数字 T/R 组件的实现方式,多收发单元一体化实现方式等。各种实现方式各有其优缺点,就单数字 T/R 组件方式来说,单个组件结构实现比较简单,调试维护方便,但组合 DAM 时结构复杂、电缆数量多、设备量大;多收/发通道一体化实现是比较好的实现方案,有利于提高电路集成度,降低成本,能有效利用天线阵元空间。

3) 基本数字收发单元

基本数字收/发单元是将接收支路和发射支路有机结合起来而形成的,其体系结构可以是多样的,同时,各种结构都有其优缺点。图 3.6 给出了数字 T/R 组件的 2 种典型结构。

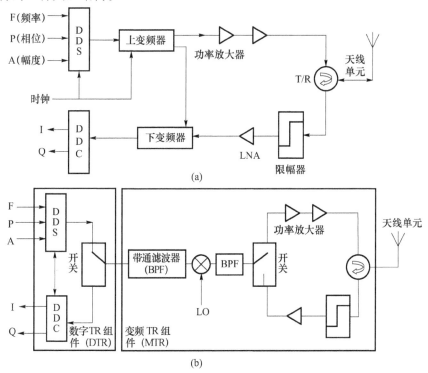

图 3.6 数字 T/R 组件的 2 种典型结构

图 3.6(a)中结构为收发分置结构,收/发状态完全独立,无需切换;但电路相对复杂,不利于减小体积和降低成本。图 3.6(b)中结构为收/发合二为一的形式,在变频、滤波环节上,二者共用相同的电路,这种结构减少了滤波器、混频器等体积较大的元器件数量,缺点是引入了一定数量切换开关。但开关的体积较小,其带来的体积增加是可容忍的。综上所述,图 3.6(b)中结构更有利于将来的系统集成,因此工程应用可能性较大。

3.2.4.2 处理集成化

数字阵列雷达的处理系统包括信号处理系统和数据处理系统,主要功能包括阵面信号数字阵列多波束形成,全机时序产生,数字阵列的收发校正,运动平台的杂波补偿与抑制,自适应干扰对消,空时自适应杂波抑制,恒虚警处理,距离速度解模糊,单脉冲测角,检测前跟踪(TBD),点迹凝聚,点航相关,航迹产生与维护,目标跟踪,全机资源调度与状态监测,综合显示与人工操作干预等。

处理系统的集成化设计包括高性能通用数字信号处理器、高性能计算机、服务器,控制字则通过高速数据线分发。信号处理系统内部的任务划分尽量让各个处理模块相互独立,减少彼此之间的耦合。在程序设计中,相同处理模块具有相同的处理程序,具体的任务则根据各自所在的位置自动切换。数据处理服务器机箱包含多组刀片服务器,每组由多个核组组成,每个核组具有独立的操作系统、IP 地址、存储器与总线,每个核组又包含多个共享内存和总线的处理核,不同核组之间通过虚拟以太网实现交互。一组刀片服务器完成整个雷达的任务管理,包括波束调度、机内测试(BIT)[10],与外部的接口、报文转发、状态转换、对时、惯导接收等任务;三组刀片服务器分别完成三个阵面的目标点迹解模糊处理、测角测高处理及 TBD 虚警抑制;剩下一组完成整个雷达的点迹航迹关联、跟踪与滤波等处理。

参考文献

[1] Kjellen F. Realisation study of digital radar array (DRA) [C]. Huntsville, AL, United states: Proceedings of the 2003 IEEE,2003:393-398.

[2] Fulton C, Clough P, Pai V, et al. A digital array radar with a hierarchical system architecture [C]. Boston, MA, United states: IEEE MTT-S International Microwave Symposium Digest, 2009,89-92.

[3] Lyalin K S, Chistuhin V V, Oreshkin V I, et al. Digital beamformingmultibeam antenna array design [C]. Sevastopol, Crimea, Ukraine: 19th International Crimean Conference Microwave and Telecommunication Technology,2009:417-418.

[4] Mairson T, Cann A J, Green G R, et al. Adaptive Phased Array Radar System [R]. AD807444, Jan 1967.

[5] Steyskal H. Digital Beamforming Antennas [J]. Microwave Journal, 1987, 30(1): 107-124.

[6] Graaf J W D, Cantrell B H. Digital Array Radar: A New Vision [EB/OL]. http://www.nrl.navy.mil.

[7] 葛建军, 张春城. 基于模拟退火算法的机载脉冲多普勒雷达中重复频率选择研究 [J]. 电子与信息学报, 2008, 30(3): 573-575.

[8] Rao D G, Deshpande A P, Murthy N S, et al. Digital beamformer architecture for sixteen elements planar phased array radar [C]. Konya, Turkey: The International Conference on Technological Advances in Electrical, Electronics and Computer Engineering (TAEECE), 2013: 1-6.

[9] 张小飞, 汪飞, 徐大专. 阵列信号处理的理论和应用 [M]. 北京: 国防工业出版社, 2010.

[10] 黄正英. 数字阵列雷达系统的 BIT 设计 [J]. 数字技术与应用, 2012, 5: 124-125.

第 4 章

数字阵列雷达有源收发技术

4.1 数字阵列天线系统设计

4.1.1 在扫描约束条件下的天线布局设计

天线系统功能如下[1-3]：

(1) 发射状态，根据雷达波束形成系统的指令，数字 T/R 组件基于 DDS 技术产生特定相移的中频信号经滤波后与本振信号相混频生成特定相位要求的射频信号，经功放链路放大后通过天线单元辐射，在空间形成满足指标要求的波束；

(2) 接收状态，目标的射频回波信号被天线单元所接收，进入数字 T/R 组件的接收通道，首先进行射频限幅、滤波及放大，然后下变频到中频信号，接着对中频信号进行采样形成数字 I/Q 信号，再由光纤将各单元通道的 I/Q 数据送入波束形成系统，形成所需的接收波瓣；

(3) 提供系统内校正的射频传输通道，实现收、发通道高精度幅/相检测。

天线系统组成如下：

数字阵列天线系统由天线罩、二维相控阵天线阵面、校正分机、DAM 单元、DBF 波束形成以及控制和数据传输系统构成。由于采用了数字波束形成，本天线系统没有波束形成网络，整个数字阵列天线系统的波束形成信号流程如图 4.1 所示。

对于一个平面相控阵天线，无论其天线阵面的形式如何，其波束指向总可以用球坐标中的 (ϕ,θ) 变量表示(图 4.2)。当天线在 Z 轴方向的前半空间扫描时，(ϕ,θ) 的定义域分别为

$$\phi \in [0,2\pi], \theta \in \left[0,\frac{\pi}{2}\right] \tag{4.1}$$

如果设坐标变换

$$\begin{cases} u = \sin\theta \cos\phi \\ v = \sin\theta \sin\phi \\ \phi \in [0,2\pi], \theta \in \left[0,\frac{\pi}{2}\right] \end{cases} \tag{4.2}$$

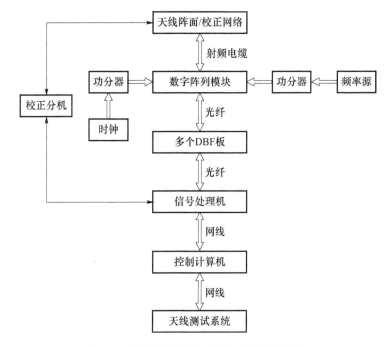

图4.1 数字阵列天线波束形成信号流程图

可得

$$u^2 + v^2 = \sin^2\theta \tag{4.3}$$

在做式(4.2)所述的变换后,uv 平面上平面阵波束扫描的虚实空间边界为 $u^2 + v^2 = 1$ 单位圆,单位圆的内部表示实空间,单位圆外为虚空间。

对于最大扫描范围为 $\theta \in [0, \theta_m]$,$\phi \in [0, 2\pi]$ 的圆锥扫描,可以很方便地得到波束扫描边界为 uv 平面上的一个圆:

$$u^2 + v^2 = \sin^2\theta_{\max} \tag{4.4}$$

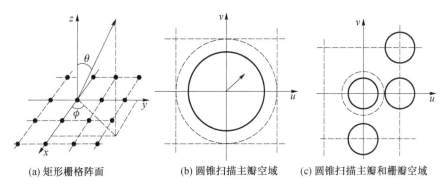

(a) 矩形栅格阵面　　(b) 圆锥扫描主瓣空域　　(c) 圆锥扫描主瓣和栅瓣空域

图4.2 矩形栅格布置阵面圆锥扫描的空域分析示意图

为解决球坐标下俯仰角逐行扫描、方位角扇形扫描、相控阵波束扫描范围，优化阵面设计，提出以下坐标变换关系为

$$\begin{cases} \zeta = \cos\theta\sin\phi \\ \eta = \sin\theta \\ \phi \in [-\pi/2, \pi/2], \theta \in [-\pi/2, \pi/2] \end{cases} \quad (4.5)$$

式中：θ 为仰角；ϕ 为方位角。由式(4.5)得

$$\frac{\zeta^2}{\sin^2\phi} + \frac{\eta^2}{1} = 1 \quad (4.6)$$

式(4.6)表明，对于俯仰空域逐行扫描范围 $\theta \in (-\frac{\pi}{2}, \frac{\pi}{2})$，方位角 ϕ 扇形扫描范围 $\phi \in [-\phi_m, \phi_m]$ 的波束（$0 < \phi_m < \frac{\pi}{2}$），它的扫描范围在 $\zeta\eta$ 平面上为一个椭圆，椭圆的长轴为1，短轴为 $|\sin\phi_m|$。如图4.3(b)中细实线椭圆所示。

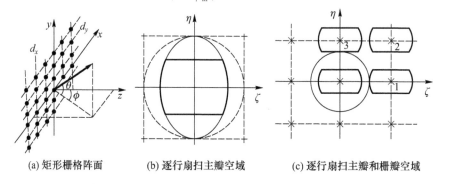

(a) 矩形栅格阵面　　(b) 逐行扇扫主瓣空域　　(c) 逐行扇扫主瓣和栅瓣空域

图4.3　矩形栅格布置阵面逐行扇扫的空域分析示意图

当 $\phi = -\frac{\pi}{2}$，$\phi = \frac{\pi}{2}$ 时，得 $|\sin\phi_m| = 1$。此时椭圆演变为单位圆，单位圆内部为实空间外部为虚空间。

若俯仰扫描范围 $\theta \in [-\theta_m, \theta_m]$，方位扫描范围 $\phi \in [-\phi_m, \phi_m]$（其中：$0 < \phi_m < \frac{\pi}{2}$、$0 < \theta_m < \frac{\pi}{2}$），则在式(4.5)坐标变换下，扫描范围在 $\zeta\eta$ 平面上可以描述为式(4.7)所包围区域（如图4.3(b)中的粗实线所示）。

$$\begin{cases} -\sin\theta_m \leq \eta \leq \sin\theta_m \\ \frac{\zeta^2}{\sin^2\phi_m} + \frac{\eta^2}{1} \leq 1 \end{cases} \quad (4.7)$$

对于矩形栅格单元布置的相控阵天线，如果单元水平和垂直间距分别为 d_x、d_y，则天线方向图为

$$F(\phi,\theta) = f_e(\phi,\theta) \sum_{n_x}^{N_{x0}} \sum_{n_y}^{N_{y0}} \exp\left\{j2\pi\left[\frac{n_y d_y}{\lambda}\sin\theta + \frac{n_x d_x}{\lambda}\cos\theta\sin\phi\right]\right\} \quad (4.8)$$

式中:$f_e(\phi,\theta)$为幅度加权系数。

把式(4.5)代入式(4.8),得

$$F(\phi,\theta) = f_e(\phi,\theta) \sum_{n_x}^{N_{x0}} \sum_{n_y}^{N_{y0}} \exp\left\{j2\pi\left[\frac{n_y d_y}{\lambda}\eta + \frac{n_x d_x}{\lambda}\zeta\right]\right\} \quad (4.9)$$

显然,方向图最大位置为

$$\begin{cases} \dfrac{d_x}{\lambda}\zeta = p \\ \dfrac{d_y}{\lambda}\eta = q \end{cases} \quad p,q = 0,1,2,3,\cdots \quad (4.10)$$

此即在$\zeta\eta$平面上的方向图最大值位置为

$$\left(p\frac{\lambda}{d_x}, q\frac{\lambda}{d_y}\right) \quad p,q \in 0,1,2,3,\cdots \quad (4.11)$$

当$p,q = 0$时为主瓣,$p,q = 1,2,\cdots$时为栅瓣。这样,图4.4(b)中点1、点2、点3的栅瓣中心坐标分别为$(\frac{\lambda}{d_x},0)$,$(\frac{\lambda}{d_x},\frac{\lambda}{d_y})$,$(0,\frac{\lambda}{d_y})$。

如果采用三角形栅格布置的天线阵面,其栅瓣在$\zeta\eta$平面上的中心位置为$(p\frac{\lambda}{d_x}, q\frac{\lambda}{d_y})$,$p,q \in 1,2,3,\cdots$ 例如在图4.4(b)中点1栅瓣的中心位置为$(2\frac{\lambda}{d_x},0)$,点2为$(\frac{\lambda}{d_x},\frac{\lambda}{d_y})$,点3为$(0,2\frac{\lambda}{d_y})$。

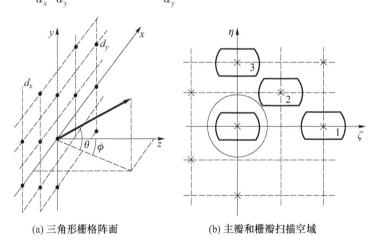

(a) 三角形栅格阵面 (b) 主瓣和栅瓣扫描空域

图4.4 三角形栅格阵面与扫描范围分析示意图

图 4.5、图 4.6 分别为水平法向、扫描 65°的接收波瓣示意图。图 4.7、图 4.8 分别为水平法向、扫描 65°的发射波瓣示意图。图 4.9、图 4.10 分别为垂直法向、扫描 20°的波瓣示意图。

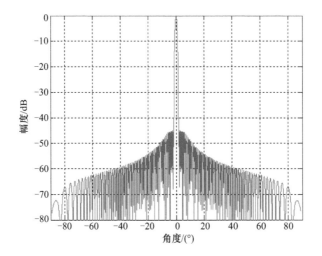

图 4.5　水平法向接收波瓣

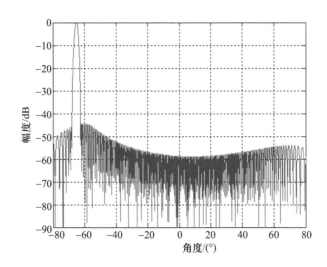

图 4.6　水平方向接收 65°扫描波瓣

为满足水平单脉冲测角和垂直测高的要求，要求水平和垂直方向同时形成差波瓣。同样差波瓣也要求具有较低的副瓣。图 4.11、图 4.12 分别为水平法向差波瓣、65°扫描差波瓣示意图。图 4.13、图 4.14 分别为垂直法向、20°扫描差波瓣示意图。

第 4 章 数字阵列雷达有源收发技术

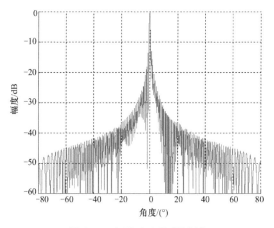

图 4.7　水平法向发射波瓣

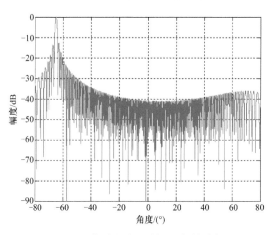

图 4.8　水平方向发射 65°扫描波瓣

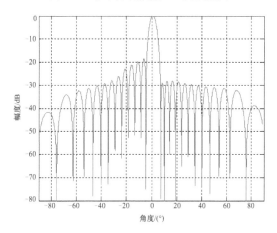

图 4.9　垂直法向波瓣

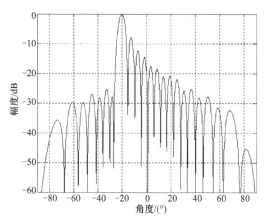

图 4.10　垂直面扫描 20°波瓣

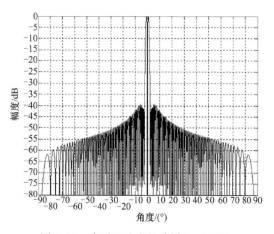

图 4.11　水平面法向差波瓣(-42dB)

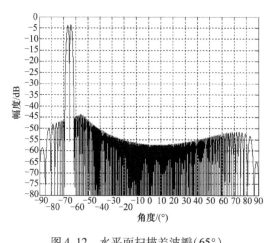

图 4.12　水平面扫描差波瓣(65°)

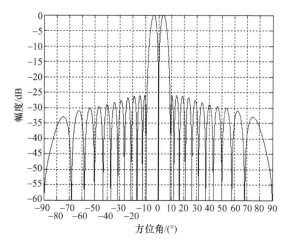

图 4.13　垂直面差波瓣

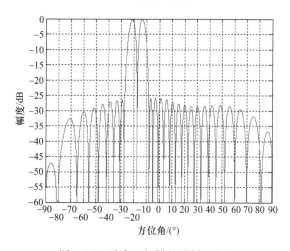

图 4.14　垂直面扫描差波瓣(20°)

4.1.2　数字阵列天线的校正方法[4-7]

4.1.2.1　校正方式比较

相控阵天线的校正是保障相控阵天线方向图的关键技术。相控阵天线的校正方式很多,主要有基于行波网络技术的反演校正,基于行波网络的逐一自检校正,基于天线单元互耦的互耦值计算,基于外设固定单元的耦合值校正等。目前,应用较多的校正方式为基于行波网络的反演校正(图4.15)及逐一自检校正。

基于行波网络的反演校正的原理为通过行波网络获取相应角度的幅度/相位,采用反演计算即可获得阵列天线的口径分布,从而进行口径补偿。

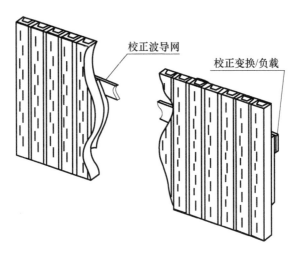

图 4.15 基于行波网络的反演校正

基于行波网络的反演校正涉及算法问题,实际应用中大角度的幅度值比法向的幅度值弱很多,导致大角度与法向的采集数据信噪比差异较大,算法计算中会带来较大的误差。

基于行波网络的逐一自检方式不涉及算法问题,每个校正通道接收的幅度/相位数据起伏较小,相应的信噪比差异较小。模拟有源相控阵由于存在信号的模拟合成,且内部器件的隔离度很难做高等因素,逐一自检实施中其他单元信号与待检测单元信号存在信号叠加,会造成检测的阵列天线口径分布存在周期性误差,导致栅瓣。数字有源相控阵单元间隔离度高,可避免以上问题。

4.1.2.2 数字有源相控阵校正

校正模式:采用数字波束形成技术的相控阵,各天线单元的通道相互隔离度很高,而且具有同时独立接收的能力,而发射模式可以通过控制逐一开启或关断,所以天线校正采用逐一自检的校正方案:①接收采用同时逐一自检校正;②发射采用分时逐一自检校正。

校正补偿:针对本相控阵的特点,校正补偿主要解决下面 3 个问题。

(1) 如果按照总耦合度控制在 $-58\text{dB} \pm 8\text{dB}$ 以内,耦合度的幅相起伏的控制不可能依靠高精度加工完全保证,这样内部校正信号耦合进入通道的幅相特性将不一致,需要加以补偿,主要还需要通过软件进行。

(2) 由于受互耦、加工等因素的影响,阵中天线单元的幅/相与空间角度的关系将不相似,必须通过补偿来弥补误差。

(3) 受互耦和宽角度扫描特性变化的影响,口径分布 $A(n_x, n_y)$ 将偏离理论分布,需要加以修正。带有修正因子的方向图可统一表述为下列形式:

$$E(\theta,\varphi) = f_e(\theta,\varphi) \sum_{n_x} \sum_{n_y} C(\theta,\varphi,n_x,n_y) A(n_x,n_y)$$
$$\exp\left\{j\left[\frac{2\pi}{\lambda}(n_x d_x \sin\theta\cos\varphi + n_y d_y \sin\theta) + \phi(n_x,n_y)\right]\right\} \quad (4.12)$$

式中：f_e 为幅度加权系数。

校正补偿在 DBF 中实现，上述关系过程可以简化为

$$E(\varphi,\theta)./f_e(\varphi,\theta) = w_c^T(\varphi,\theta,x,y) A(n_x,n_y) \quad (4.13)$$

式中：./ 表示矩阵点除。

补偿值可以通过 2 个途径加入，一是加入在分布 $A(n_x,n_y)$ 中，二是加入在变换矩阵 $w_c^T(\varphi,\theta,x,y)$ 之中。采用第二种加入方式，形成变换矩阵为

$$W_c = C(\theta,\varphi,n_x,n_y) \exp\left\{j\left[\frac{2\pi}{\lambda}(n_x d_x \sin\theta\cos\varphi + n_y d_y \sin\theta) + \phi(n_x,n_y)\right]\right\} \quad (4.14)$$

简化为理想矩阵 W 与修正矩阵 C 的形式：

$$W_c = C.\cdot W \quad (4.15)$$

式中：.· 表示点乘。

具体实现时可以分为理论变换矩阵与修正矩阵的点乘。

通过近场测量补偿后，整个通道剩余误差的 2 个主要误差来源，即幅相误差、测量误差。

4.1.3 数字阵列天线补偿数据的获取方法

微波暗室天线测试系统具备同时多频、多波位、多通道测试功能，数字波束的测试同样具备同时多频、多波位、多通道测试功能。对于发射 DBF 测试，由于没有低副瓣要求，可采用多频多波位快速测量技术；对于接收 DBF 测试，采用多频技术会引入位置误差，不适于极低副瓣测试，需要在初测反演补偿时采用多频技术，精测时采取单频点测试，保证天线低副瓣测试性能，利用多波位技术一次得到所有波位。数字波束测试系统接口框图如图 4.16 所示。

为了保证天线的方向图性能，测量在微波暗室平面近场进行，补偿值的获取可采用暗室近场测量和外场实现。

为了提高测量精度，DBF 可以在触发机械位置脉冲后将多个采样样本进行平均，并将平均后的幅相数据通过网络传给测量计算机。

平面波谱法通过把平面上的场分布展开成各个方向向平面入射的平面波（平面波谱），再根据平面波谱换算成远场。假设已知无限大平面 $z=d$ 上的切向场分布，通过傅里叶变换可以得到切向场的平面波谱。法向场的平面波谱则可通过切向场的平面波谱和平面波传播性质得到。平面波谱法是目前近场测量中应用最为广泛的一种方法。

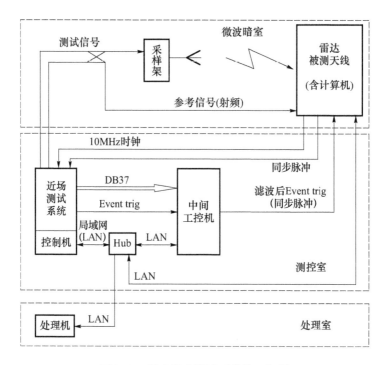

图 4.16 数字波束测试系统接口框图

利用近场数据的反向变换重构平面阵列天线的口径场分布可以分为 2 步，第一步是对近场数据进行二维变换得到远场在波数空间（k）内的波谱，第二步在进行探头和单元的方向图校正后进行逆变换获得口径场分布。通常近场采样探头在离开天线口径几个波长的地方进行测量，近场反向变换能有效地转换测量平面 $z = d_1$（近场）到 $z = d_2 = 0$（口径场）。

如图 4.17 所示，探头在近场某一点的输出是探头接收到的所有平面波谱分量的贡献，探头的矢量接收特性是 $S(k)$。因此探头的输出为

$$B_0(x,y,z=d_1) = \int_{-\infty}^{+\infty}\!\!\int T(k_x,k_y) \cdot S(k_x,k_y) e^{ik_z d_1} e^{i(k_x x + k_y y)} dk_x dk_y \quad (4.16)$$

$$k_z = \sqrt{k_0^2 - (k_x^2 + k_y^2)} \quad (4.17)$$

式中：$T(k)$ 是待测天线的平面波谱（远场方向图）；$e^{ik_z d_1}$ 是与近场测量平面相关的相位因子。

通常探头的接收包含主极化和交叉极化分量，但由于交叉极化分量通常非常小，因此一般在计算的时候忽略不计。平面波谱法忽略了平面波谱中凋落波的影响，但对于大尺寸天线，由于其发射场的凋落波谱含量很低，因此该方法比较适合诊断此类型的天线口径场。

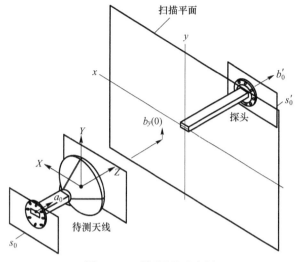

图 4.17 近场测量示意图

对测量得到的近场分布 $B_0(x,y)$ 进行二维傅里叶变换,结果为

$$\int\int_{-\infty}^{+\infty} B_0(x,y) \mathrm{e}^{-\mathrm{i}(k_x x + k_y y)} \mathrm{d}x \mathrm{d}y = 4\pi^2 T(k_x, k_y) \cdot S(k_x, k_y) \mathrm{e}^{\mathrm{i}k_z d_1} = D(k_x, k_y)$$

(4.18)

从式(4.18)可以清楚地看出,远场波谱 $T(k)$ 可以由 $D(k_x, k_y)$ 去除探头响应 $S(k)$ 后得到,这个步骤称为探头补偿。

在得到远场方向图后就可以恢复离散口径分布。天线阵列的激励 $A(x_m, y_n)$ 与远场方向图的关系为

$$T(k_x, k_y) = E(k_x, k_y) \sum_{m=1}^{M} \sum_{n=1}^{N} A(x_m, y_n) \cdot \mathrm{e}^{-\mathrm{i}(k_x x_m + k_y y_n)} \Delta x \Delta y \quad (4.19)$$

式中:$E(k_x, k_y)$ 是在阵列环境中的有源单元波瓣。在从远场波谱 $T(k)$ 中消除单元波瓣之后,进行离散逆变换后可以得到 $A(x_m, y_n)$。

综上所述,根据快速傅里叶变换(FFT)得到阵列的激励的双重求和表达式为

$$\begin{aligned} A(x_m, y_n) &= \sum_{-k_1}^{k_1} \sum_{-k_2}^{k_2} \frac{\mathrm{e}^{-\mathrm{i}k_z d_1} D(k_x, k_y)}{4\pi^2 E \cdot S} \mathrm{e}^{\mathrm{i}(k_x x_m + k_y y_n)} \Delta k_x \Delta k_y \\ &= \sum \sum \left\{ \frac{\mathrm{e}^{-\mathrm{i}k_z d_1}}{4\pi^2 E \cdot S} \sum \sum \left[B_0(x,y) \mathrm{e}^{-\mathrm{i}(k_x x + k_y y)} \Delta x \Delta y \right] \cdot \mathrm{e}^{\mathrm{i}(k_x x_m + k_y y_n)} \Delta k_x \Delta k_y \right\} \end{aligned}$$

(4.20)

这个就是利用近场分布重构口径场的公式。转换后变为

$$D(i,l) = (-1)^{i+l} \sum_{n=1}^{N} \sum_{m=1}^{M} (-1)^{n+m} B_0(n,m) \mathrm{e}^{\mathrm{j}\frac{2\pi}{N}(i-1)(n-1)} \mathrm{e}^{\mathrm{j}\frac{2\pi}{M}(l-1)(m-1)} \Delta x \Delta y$$

(4.21)

$$A(n,m) = (-1)^{n+m} \sum_{i=1}^{N} \sum_{l=1}^{M} (-1)^{i+l} \frac{e^{-jk_z d_1} D(i,l)}{4\pi^2 E \cdot S} e^{-j\frac{2\pi}{N}(i-1)(n-1)} e^{-j\frac{2\pi}{M}(l-1)(m-1)} \Delta k_x \Delta k_y$$

(4.22)

由式(4.22)可以看出诊断的分辨力是采样间隔 Δx 和 Δy,为了提高诊断分辨力,可以引入空间域的重构公式为

$$A(x,y,0) = \sum_{n=1}^{N} \sum_{m=1}^{M} A(n,m) \frac{\sin\left[\left(n - \frac{N}{2} - 1 - \frac{x}{\Delta x}\right)\pi\right]}{\left(n - \frac{N}{2} - 1 - \frac{x}{\Delta x}\right)\pi} \frac{\sin\left[\left(m - \frac{M}{2} - 1 - \frac{y}{\Delta y}\right)\pi\right]}{\left(m - \frac{M}{2} - 1 - \frac{y}{\Delta y}\right)\pi}$$

(4.23)

根据恢复口径场分布,并结合内校正获得的校正口径分布,将校正值与近场测量相除就可以得到校正补偿值。根据理论采样分析,平面波谱法的反演误差带在扫描 0° 时可以控制在 0.3dB,0.2° 左右,采用等幅获得的反演结果精度更高。为了获得高精度的补偿值,测量时要采用高信噪比的信号。

外场获取补偿值的方法如图 4.18 所示。根据前面获取的初始补偿值 ΔA_1,关闭外源雷达内部进行接收校正,并记录各单元校正幅/相分布 $\Delta A_1 \cdot A_1(n_x, n_y)$;开启外源关闭校正源,雷达接收并记录各天线单元真实外部幅相分布 $A_2(n_x, n_y)$,则二者比值为

$$\Delta A = A_2(n_x, n_y) \cdot / [\Delta A_1 \cdot A_1(n_x, n_y)] \quad (4.24)$$

显然外部口径的真实分布可以用内部校正的分布表示为

$$A_2(n_x, n_y) = [\Delta A_1 \cdot \Delta A] \cdot A_1(n_x, n_y) \quad (4.25)$$

ΔA 即第一次补偿修正值。$\Delta A_1 \cdot \Delta A$ 即为第一次补偿值的结果,用 $\Delta A_1 \cdot \Delta A$ 代替 ΔA_1 作为补偿值,再次重复上述步骤,直至 ΔA 幅度接近 1(0dB)相位接近 0°。这种方法比微波暗室测量快捷,实际操作中考虑外场环境特征,外源与天线之间需铺设反射网以抑制地面反射。

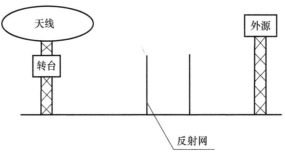

图 4.18 外场获取补偿值示意图

4.2 数字阵列模块设计技术

随着半导体技术的飞速发展以及新材料、新工艺的不断应用,雷达接收机和发射机的形态正在悄然发生改变,比如利用三维立体组装技术、系统级封装(SIP)技术以及片上系统(SoC)技术,将雷达接收机和发射机进行一体化和集成化设计,改变了传统雷达接收机和发射机相互独立的体系架构。

同时,高速模/数、数/模转换器技术和高速数字信号处理技术的发展也在推动着雷达数字化技术的不断发展,J. Mitola 提出的基于软件无线电模型的雷达收发系统终将实现,软件无线电系统要求 A/D 和 D/A 尽可能靠近天线,在通用的硬件平台上,用软件来实现各部分功能,强调可编程性和软件可重定义性。

因此,未来雷达收发系统必将朝着一体化、集成化、数字化和软件化的方向发展。[8-9]

4.2.1 数字 T/R

4.2.1.1 收/发系统组成

在数字阵列雷达系统中,将多个数字 T/R 组件进行集成设计,形成雷达前端功能模块,称为"数字阵列模块",它具有模块化、可扩充、易重构和高任务可靠性的特点,极大地提升了雷达系统的灵活度。[10-11]

数字 T/R 组件是数字阵列模块的基本单元,其主要功能为:完成雷达微弱回波信号的低噪声放大、滤波、下变频、数字化和数据传输;接收雷达系统指令,产生复杂波形信号,经上变频、滤波和功率放大,并实现雷达发射信号的数字移相。数字 T/R 组件主要由功率放大器、限幅低噪声放大器、上下变频器(射频直接数字化 T/R 组件除外)、ADC、DDS、光电转换以及滤波器、环行器等组成,图 4.19 为数字 T/R 组件的典型拓扑结构图。

数字阵列雷达是一种收、发均采用数字波束形成技术的全数字化阵列扫描雷达,采取的是在数字域实现幅/相加权,一般其收/发系统包含数字阵列模块、频率源、时钟/本振分配网络和校正通道等四个部分组成,收/发分系统构成如图 4.20 所示。

可以看出,这种新颖的数字阵列雷达有别于传统的有源相控阵雷达,每个天线单元对应的不仅是一个有源 T/R 组件,而且是一个数字 T/R 组件,即每个 T/R 通道都包含数字化接收机和数字化发射机两个部分,并且以光纤为数据传输介质,融合了微波强信号、微波弱信号、数字信号和光信号等多种信号,代表了当代雷达收/发分系统新的设计理念。

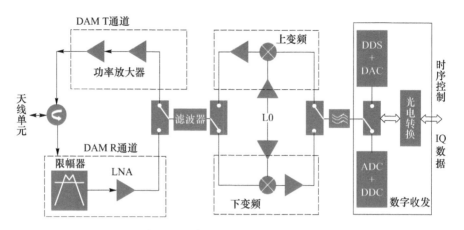

图 4.19　数字 T/R 组件拓扑结构图

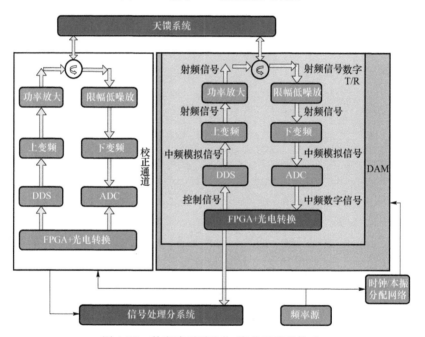

图 4.20　数字阵列雷达收/发分系统的构成

4.2.1.2　收/发系统功能

数字化接收机接收来自天线单元的回波信号,模拟接收通道首先对回波信号进行一系列的处理,包含保护接收机免烧毁或饱和的限幅器、低噪声放大(LNA)、补偿放大器、匹配滤波器和变频器等设备。在现有技术条件下,雷达工作频率在 L 波段以下,其模拟接收通道中已不需要混频环节,可以直接对射频信号进行直接数字化,经过模拟接收通道处理后的回波信号被直接送入数字接收机,由高速率模/数转换器对模拟回波信号进行采样和量化分层,变换成特定字长和特定数据率的数字信号,采样后的数字信号在专用数字下变频(DDC)芯片或在 FPGA 中借助于数控振荡器(NCO)完成雷达信号的射频或中频数字解调功能,解调出数字基带信号。同时为了与后续的信号处理机进行数率匹配,往往还要对高速据率的数字信号进行抽取和进一步的数字匹配滤波。通常情况下,为满足系统动态范围,雷达系统中的 ADC 分辨力应作为器件选型首要考虑的因素,同时兼顾射频带宽、采样速率等指标。

在数字阵列雷达中,数字化发射机主要包括波形产生器、匹配滤波器、上变频器、功率放大器和环行器(或隔离器)等设备。激励信号产生器由 DDS 芯片直接产生雷达所需的波形信号,频率、带宽、调制形式、脉冲宽度和初始相位等信号特征均可由外部参数控制。DDS 输出的波形信号首要经过匹配滤波,完成发射信号的提纯处理,滤除系统并不需要的频谱成分。上变频器完成激励信号模拟信号的频率变换,功率放大链通常情况下可分为前级放大和末级放大,是发射通道的核心部分,自从 20 世纪 60 年代末开始固态发射机的研制,直到目前固态发射机凭借其独特优势几乎应用于所有的相控阵雷达当中,是现代雷达的主流设计技术。在发射通道中另一个重要部件就是环行器或隔离器,其功能是实现收/发通道隔离以及发射信号与端口反射信号的隔离,在相控阵雷达中,发射波束的扫描会引起天线有源驻波的变化,在发射通道设计时应予以关注。

校正通道是完成数字阵列雷达内、外校正的辅助功能通道。在进行发射校正时,完成对校正信号的幅度、相位信息进行提取的功能;在接收校正时,完成校正信号的产生功能。同时,校正通道还可以产生用于雷达系统测试用的模拟目标信号和机内自检信号等,方便雷达的测试和检修。

4.2.2 频率源

收发分系统中另一个重要的组成部分是频率源,有时也称为频率合成器,它是以一个高质量的振荡器作为频率基准,经不同的方法综合形成雷达系统所需的各种时钟频率,频率合成方式一般分为直接模拟频率源、锁相式频率源和直接数字式频率源 3 种,也可以综合使用上述 3 种实现方式产生雷达系统中所使用的各种频率时钟信号。

数字阵列雷达通常用做远程防空预警和机载预警,需要及时发现低空和地面的慢速、小型、隐身目标,如要求远程预警雷达能探测远程低空飞行的巡航导弹,要求机载雷达在对地观测模式时能探测地面的坦克、装甲车等"缓慢"目标。这些低、慢、小目标的多普勒频移回波信号很微弱,通常会淹没在较强的地、物和气象等杂波中,此时,数字阵列雷达的检测性能将会受到频率源相位噪声的限制。数字阵列雷达频率源通常需要具备低相位噪声、快速变频、低杂散和抗振动等能力,所以通常只能采取直接模拟频率合成的方式实现。

1) 低相位噪声设计

频率源采取直接模拟频率合成的方式实现,其输出本振信号的相位噪声主要由晶体振荡器的相位噪声、倍频器的附加噪声和分频器的基底噪声决定,所以数字阵列雷达频率源的低相位噪声要从以下 3 个方面进行考虑:

(1) 选取低相位噪声的晶体振荡器,由于晶体振荡器是影响频率源相位噪声的最为关键的部分,它的相位噪声直接反映了频率源输出信号的相位噪声,目前已有低于 -160dBc/Hz@1kHz 的晶体振荡器问世,为低相位噪声频率源设计提供了实现基础。

(2) 对倍频电路进行噪声优化设计,以降低倍频器的附加噪声,倍频器的附加噪声会引起频率源相位噪声的恶化。

(3) 选取低基底噪声的分频器件,分频器件的噪声底会限制频率源的相位噪声。

2) 快速变频设计

变频时间为频率源输出的频率从某一频率变换到另一频率时所需的时间,直接模拟合成频率源的变频时间主要由频率控制软件运行时间、开关的切换时间和滤波器的延迟时间综合决定,通常情况下频率控制软件运行时间和开关的切换时间均小于 100ns,所以直接模拟合成频率源的变频时间主要由滤波器的响应时间决定。

而滤波器的 3dB 带宽 B_{3dB} 与脉冲从 10% 上升到 90% 峰值电平所需的上升时间 t_r 之间的基本关系为 $t_r \approx \dfrac{k}{B_{3dB}}$,其中,$k$ 为比例因子,通常取值在 0.3~0.45 之间。由上式可知滤波器的带宽越窄,它的响应时间就越长。

在进行频率源设计时,要尽量避免选用较窄带宽的滤波器件,通常直接模拟合成频率源的变频时间约为 1μs,可满足数字阵列雷达对频率捷变的需求。

3) 低杂散设计

杂散是指和输出信号没有谐波关系的一些有限频率,在频谱上可能表现为若干对称边带,也可能表现为信号频率谱线旁的非谐波关系的离散谱线,这些谱线往往都高于噪声,这些无用信号若通过混频进入接收机中频信号带内,将会影响雷达的改善因子,甚至会造成雷达的错误跟踪。

频率源的低杂散可通过以下方法来实现,首先也是最为关键的是选取合适的混频频率窗口,以及适当的混频信号的电平,使得混频产生的交调寄生信号落在所需信号的带外,从而可以用后级的滤波器将这些寄生信号进行滤除。若寄生信号离所需的信号频率较近,则可以通过将后级滤波器分段滤波来提高对寄生信号的抑制效果,从而达到提高杂散抑制的目的。其次还可通过加强电源滤波和加强重要模块的屏蔽设计等措施来进一步提高杂散抑制。

振动对频率源的稳定度有非常重要的影响,特别是对于工作在机载振动环境下的预警雷达系统,振动时频率源相位噪声的恶化会影响雷达系统的目标检测性能,所以如何提高频率源自身的抗振能力极为关键。

在频率源中晶体振荡器对振动最为敏感,晶体振荡器在振动条件下,其谐振腔的谐振频率随外界振动加速度发生变化,这种变化表现为振动加速度的变化频率对晶体振荡器的输出信号进行角度调制,其调制度由加速度敏感度和振动量级共同决定。在实际振动环境中,晶体振荡器所承受的加速度是随机振动,即振动功率随机分布在频率、相位、幅度的一个范围内,使得晶体振荡器的输出信号频谱纯度恶化。

数字阵列雷达频率源抗振设计要求如下:

(1) 选用内部自带减振装置的抗振晶体振荡器,该抗振晶体振荡器具有一定的减振能力。

(2) 对晶体振荡器采取外部减振结构设计,因为晶体振荡器是频率源中对振动最为敏感的器件,所以要对其加强减振设计。

(3) 通常只对晶振采用一级模块级减振设计可能还无法满足系统对频率源抗振的需求,可能会采取两级分机级减振设计,甚至是三级机柜级减振设计。

4.2.3　接收数字波束形成软硬件实现

在接收数字波束形成系统中核心硬件包括接收机和数字波束形成器,接收机的噪声系数、幅度一致性、幅/相稳定性和动态范围等性能指标影响着接收波束的副瓣电平和增益;数字波束形成器的处理性能和硬件资源直接制约着雷达接收多波束性能[12-14]。

数字阵列雷达接收机一般采用基于软件无线电架构的数字化接收机,软件无线电的核心思想是 ADC 采样数字化直接位于天线之后,通过宽带射频数字化系统来构建通用开放式的雷达硬件平台。基于软件无线电的数字化接收机主要包括射频信号的直接处理技术、数字直接频率合成技术、数字正交解调技术和多速率信号处理技术等内容,因此数字化接收机的组成功能框图如图 4.21 所示。

图 4.21 为数字化接收机一般组成功能框图,实际上根据雷达工作的频段不同、工作环境不同,数字化接收机的组成功能框图也略有不同。比如,对于频段较低的 P 波段雷达,由于该频段存在大量的民用广播、电台等信号,这些强信号进入接收机后有可能导致低噪声放大器饱和或者由于非线性产生干扰信号。因此一般 P 波段雷达会在低噪声放大器前加上一个开关预选滤波器,用来抑制工

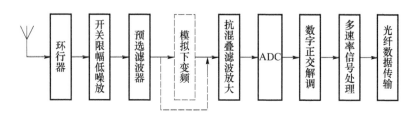

图 4.21　数字化接收机组成功能框图

作频带内的强干扰信号。另外,随着模数混合器件水平的不断提高,目前 P 波段以下雷达都可以在射频上直接采样,不需要模拟变频环节,可以极大地提高系统的软件化程度。

收发共用天线的雷达,通过环行器来进行收发隔离,为了保护接收低噪声放大器,免受发射泄露功率以及外界强干扰信号的损坏,还需要在低噪声放大器前有开关限幅器。微波开关一般包括 pin 二极管开关、肖特基二极管开关、场效应管开关和微机电系统(MEMS)开关等,雷达中一般采用单刀双掷开关,以防止关闭状态反射的发射功率对发射支路功率管的损坏;限幅器分为有源限幅器和无源限幅器,依靠外部控制信号产生的限幅作用称为有源限幅,依靠对射频信号自检波而具有限幅作用的称为无源限幅器。雷达开关限幅器设计时可以采用混合式开关限幅,其中有源同步限幅器防止雷达发射期间发射泄露功率进入接收前端并将其烧毁,无源限幅器防止临近其他雷达或强干扰等异步信号在雷达接收期间对接收前端的损坏。

射频前端的低噪声放大器决定了数字化接收机系统级联的噪声系数,为降低后置电路的影响,低噪声放大器应在满足系统动态范围和自身稳定性的要求下,其增益尽可能高一些;目前基于 MMIC 技术的微波砷化镓场效应管(GaAs-FET)低噪声放大器已广泛应用于各种雷达接收机射频前端中,自 20 世纪 90 年代出现了 GaAsFET 的改进型——高电子迁移率场效应晶体管(HEMT)或称异质结构效应晶体管(HFET),其噪声系数更低,增益和工作频率更高,且与 MMIC 兼容,目前已主宰微波和毫米波段的低噪声放大器。

ADC 输入带宽一般都比较高,高分辨力(大于等于 14bit)ADC 目前采样率一般不超过 500MHz,为了实现高中频或射频信号直接采样,必须采用带通采样或欠采样,因此需要模拟抗混叠滤波器来抑制其他奈奎斯特频带的干扰或噪声,防止干扰混叠或噪声折叠对输出信噪比的影响。

ADC 器件是软件无线电和数字化接收机以及未来认知无线电发展的基础和前提。根据速度、分辨力以及带宽的不同需求,ADC 具有不同的实现架构,目前主要包括全并行比较(Flash) ADC、流水线型(Pipelined) ADC、折叠型(Folding) ADC、连续估计寄存型(SAR) ADC、Delta – Sigma ADC、时间交替型(Time Interleaved)TIADC、开关电容阵列 SCA/ADC 等。ADC 主要设计公司包括国外 TI、ADI、E2V、Intersil、Linear Technology、Maxim、IDT 等以及国内中国电子科技集团公司第 24 研究所等。美国斯坦福大学 Murmann 教授收集了 1997 年到 2014 年 ADC 器件相关资料,给出了不同实现架构工作带宽与输出信号–噪声失调比(SNDR)指标间分布图,如图 4.22 所示。通常数字阵列预警雷达对带宽要求不是非常高,对 ADC 的瞬时动态要求比较高,因此对 ADC 采样率和分辨力要求比较高,同时为了提高数字阵列雷达的集成度,一般采用多通道并行高分辨力 ADC。

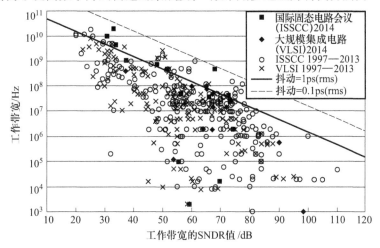

图 4.22　最新 ADC 器件的 SNDR 与带宽分布图统计(见彩图)

数字化接收需要通过数字正交解调以及多采样率信号处理获得与发射信号相匹配的基带复信号,用于雷达后续信号处理、分析和目标检测等。同时为了适应不同系统不同带宽、采样率以及可能的信道化通道数的要求,数字正交解调以及多采样率信号处理需要构建一个通用数字化中频信号处理平台,根据系统外控参数的设置来实时分配数字资源以适应不同系统需求,目前构建这种通用数字化中频信号处理平台的常用器件主要是美国 Altera 公司和 Xilinx 公司的 FPGA 器件。

数字阵列雷达数字化接收机一般放置于天线阵面,并且一个接收机模块内部集成多路接收通道,融合后的数字信号数据率较高,同时距离信号处理分机距离较远,因此一般采用高速光传输技术将多路高速数字信号传输到信号处理分机。目前国内外光传输技术以及器件发展较快,已有单通道 10Gbit/s 以及 12 通道集成/单通道 6.5Gbit/s 的成熟产品,以及各种波长各种连接方式的光模块。

1)接收机噪声设计

噪声是限制接收机灵敏度的主要因素,接收机是一个多级传输网络,任何一级都会产生噪声,定义 T_e 为接收机内部噪声折合到接收机输入端噪声温度,则接收机内部噪声折合到输入端有效噪声功率 P_r 为(接收机带宽为 B_r)

$$P_r = kT_e B_r \qquad (4.26)$$

式中：k 为玻耳兹曼常数。接收机设计时使用噪声系数比较方便。噪声系数的工程定义：若线性两端口网络具有确定的输入端和输出端，且输入端源阻抗处于 290K，则输入端信噪比与网络输出端信噪比的比值定义为该网络的噪声系统。其明确的物理意义是网络的噪声系数是网络输出对输入信号的信噪比恶化的倍数。用 S_i/N_i 表示接收机输入信噪比，S_o/N_o 表示输出信噪比，噪声系数 NF 定义为（其中 G 为接收机增益）

$$\mathrm{NF} = \frac{S_i/N_i}{S_o/N_o} = \frac{N_o}{GN_i} = \frac{N_{ao}+N_{ro}}{GN_i} = \frac{GN_i+GN_{ri}}{GN_i} = \frac{N_i+N_r}{N_i} = 1+\frac{T_e}{T_0} \qquad (4.27)$$

式中：$N_i = kT_0 B$ 为天线噪声输入噪声功率；$N_r = kT_e B$ 为接收机输出噪声功率折合到输入端的噪声功率，因此噪声系数大小与信号功率无关，取决于输入输出噪声功率的比值；T_0 为室温，$T_0 = 290\mathrm{K}$。

一般接收机是由多级放大器、混频器和滤波器等组成，级联电路的噪声系数或噪声温度由式（4.28）表示（G 为放大器增益或变频/滤波器损耗的倒数）为

$$\mathrm{NF}_e = \mathrm{NF}_1 + \frac{\mathrm{NF}_2-1}{G_1} + \frac{\mathrm{NF}_3-1}{G_1 G_2} + \cdots + \frac{\mathrm{NF}_n-1}{G_1 G_2 \cdots G_n} \qquad (4.28)$$

$$T_e = T_1 + \frac{T_2}{G_1} + \frac{T_3}{G_1 G_2} + \cdots + \frac{T_n}{G_1 G_2 \cdots G_n} \qquad (4.29)$$

数字阵列雷达接收机一般采用数字化技术来实现，因此数字化接收机系统的噪声系数计算必须考虑 ADC 以及后续数字信号处理噪声或噪声系数的影响。数字化接收机考虑 ADC 和后续数字信号处理的噪声分析框图如图 4.23 所示。

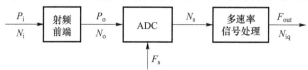

图 4.23　数字化接收机噪声分析框图

设 ADC 等效输出噪声功率为 N_{ADC}，噪声为带限噪声，且 ADC 前抗混叠滤波器能够保证无 ADC 采样折叠噪声进入 ADC，因此 ADC 输出噪声 N_s 为

$$N_s = N_o + N_{\mathrm{ADC}} \qquad (4.30)$$

$$\mathrm{NF}_s = \frac{N_s}{GN_i} = \frac{N_o + N_{\mathrm{ADC}}}{GN_i} = \mathrm{NF} + \frac{N_{\mathrm{ADC}}}{GN_i} \qquad (4.31)$$

令 $M = N_o/N_{\mathrm{ADC}}$，代入式（4.31）有

$$\mathrm{NF}_s = \mathrm{NF}\left(\frac{1+M}{M}\right) = \mathrm{NF} + 10\lg(1+M) - \lg M \quad (\mathrm{dB}) \qquad (4.32)$$

即 ADC 对噪声系数的恶化量为

$$\Delta \text{NF} = 10\lg(1+M) - \lg M \quad (\text{dB}) \tag{4.33}$$

根据噪声系数的定义 ADC 的噪声系数可以表示为

$$\text{NF}_{\text{ADC}} = P_{\text{FS(dBm)}} - \text{SNR}_{\text{(dBFS)}} - 10\lg(F_s/2) - kT_{\text{(dBm/Hz)}} \tag{4.34}$$

因此 ADC 的噪声系数不是一个固定值，与采样时钟/采样频率、输入信号幅度、频率和后续数字滤波器带宽等都有关，图 4.24 和图 4.25 分别给出了 ADC 噪声系数与不同信噪比和采样频率的关系图和不同输入信号幅度下 ADC 输出噪声频谱情况。

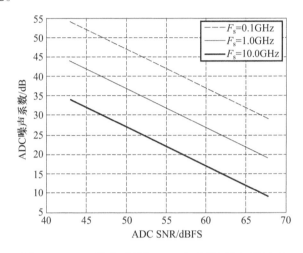

图 4.24 ADC 噪声系数与 SNR 和采样频率间的关系

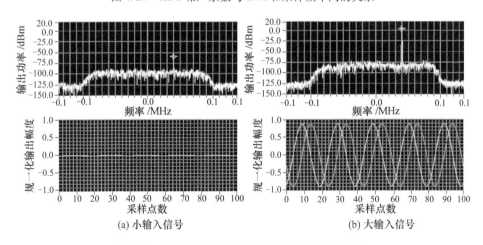

图 4.25 不同输入信号幅度下 ADC 输出噪声电平

从前面分析可知，数字化接收机 ADC 对系统噪声系统的影响与前端噪声功率和 ADC 自身噪声功率的比值直接相关，因此级联系统噪声系数的 ADC 恶化降低可以从 2 个方面解决：降低 ADC 等效噪声功率，或接收系统设计保证前端输入噪声加信号能够被 ADC 充分量化。

ADC 的等效噪声功率不是一个固定值，会根据具体应用环境改变而变化，具体可表示为

$$N_{ADC} = N_q + N_t + N_j \tag{4.35}$$

式中：N_t 为热噪声；N_q 为理想的量化噪声，与量化电平或 ADC 转换灵敏度直接相关，对于分辨力为 N 输入峰-峰值为 U_{p-p} 的 ADC，量化电平可表示为

$$Q = U_{p-p}/2^N \tag{4.36}$$

此时 ADC 最大功率为

$$P_{max} = \left(\frac{U_{p-p}}{2\sqrt{2}}\right) = \frac{2^{2N}Q^2}{8} \tag{4.37}$$

当 ADC 最小位为噪声位且噪声均匀分布时，量化噪声功率为

$$N_q = \frac{Q^2}{12} \tag{4.38}$$

此时理想 ADC 最大信噪比为

$$SNR_{dBFS} = 10\lg\frac{P_{max}}{N_q} = 10\lg\left(\frac{3}{2}\times 2^{2N}\right) = 6N + 1.76 \quad (dB) \tag{4.39}$$

影响 ADC 等效噪声功率的另外一个关键因素是时钟的孔径不确定性造成的噪声，孔径不确定性包括 ADC 自身采样保持电路取样延迟的变换以及采样时钟上下沿抖动两个方面，采样时钟抖动与时钟相位噪声是同一现象的两种不同表述，与时钟源的热噪声、相位噪声和杂散密切相关。对于点频输入情况下，由孔径抖动所限制的 ADC 的 SNR 为

$$SNR_j = -20\lg(2\pi f_a \Delta t_{rms}) \quad (dB) \tag{4.40}$$

式中：f_a 为模拟输入信号频率；Δt_{rms} 为孔径抖动均方根值，理想情况下 ADC 输出 SNR 与输入频率和时钟抖动间关系如图 4.26 所示。

数字化接收机级联系统噪声系数 ADC 恶化降低的另外一个原因是接收系统设计需要保证前端输入噪声加信号能够被 ADC 充分量化，这个从前面公式的推导可以看出，也可以从 ADC 的噪声背越效应来解释。当低于最低量化分层电平的微弱信号和高于最低量化层又低于最高量化层的强信号一起输入 ADC 时，微弱信号在强信号的背越帮助下，能够与强信号一道通过 ADC 变换器。强信号可以是信号，也可以是噪声，其强度要求至少 90% 的能量被 ADC 量化，通常约为 ADC 最低量化分层电平的 6 倍。这种情况下保证有用的微弱信号基本不损失。应用 ADC 的背越效应，可以考虑在条件允许的情况下，放宽射频模拟通道的带宽，提高系统瞬时动态范围，其代价将是高的采样率和数字基带处理的硬件。

数字阵列雷达数字化接收机一般是欠采样和过采样相结合，即采样频率可

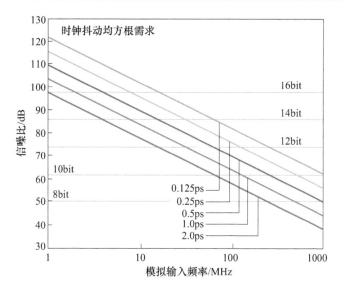

图 4.26 ADC 理想 SNR 与输入频率和时钟抖动间关系

能低于射频信号载频但远大于信号瞬时带宽,当通过多速率信号处理后输出的信号带宽将与信号的瞬时带宽相匹配,当多速率信号处理各级滤波器的带宽均与信号瞬时带宽相匹配同时带外噪声得到有效抑制而不会由于抽取造成噪声混叠,此时最终输出噪声功率将是 ADC 输出噪声功率的 $F_s/2B$ 分之一,因此多速率信号处理后理想 ADC 输出 SNR 可以表示为

$$\mathrm{SNR_{dBFS}} = 6N + 1.76 + 10\lg(F_s/2B) \quad (\mathrm{dB}) \tag{4.41}$$

多速率信号处理主要由多级滤波和抽取等定点数字信号处理来实现,因此中间必然包括截位处理过程,与前面 ADC 量化噪声充分量化分析类似,随着 SNR 的提高必须保证足够的噪声位才能保证输出 SNR 达到上式的指标而不致造成系统 SNR 的损失或系统噪声系数恶化。

2) 接收机动态设计

接收机动态范围需要根据雷达系统总动态范围要求以及雷达系统体制和信号处理方式等决定。雷达总动态为

$$D = D_r + D_\sigma + D_{S/N} + D_f \tag{4.42}$$

式中:D_r 为目标回波信号随距离远近的变化范围;D_σ 为目标 RCS 变化范围,由目标的雷达、杂波的起伏特性决定;$D_{S/N}$ 为目标检测所需信噪比,与工作模式以及检测目标类型相关;D_f 为接收机带宽失配动态要求增加量。

米波雷达目前一般采用基于射频数字化技术的全数字相控阵体制,在单元级实现有源接收、ADC 采样、数字下变频处理后进行数字域 DBF 处理,后续进行脉冲压缩以及多脉冲相干积累处理。假设 DBF 处理得益为 D_{DBF},数字脉压得益

为 D_{DPC},多脉冲积累得益为 D_{CI},因此对于数字相控阵雷达单通道接收机瞬时动态 D_{dr}(接收机最大输出 SNR)要求为

$$D_{dr} = D - D_{DBF} - D_{DPC} - D_{CI} \qquad (4.43)$$

而传统模拟相控阵雷达在模拟域进行接收波束合成后进行 ADC 采样处理和后续信号处理,如果后续信号处理方式相同,则模拟相控阵雷达接收机的瞬时动态 D_{ar} 要求为

$$D_{ar} = D - D_{DPC} - D_{CI} \qquad (4.44)$$

因此相同系统动态要求下数字相控阵雷达接收机动态要求比模拟相控阵雷达接收机动态要求低 D_{DBF},或者接收机动态相同的情况下数字相控阵雷达系统总动态将比模拟相控阵雷达高 D_{DBF},数字相控阵雷达可以极大地提高系统的总动态。确定了接收机瞬时动态范围要求后就可以进行接收机动态范围设计。

数字化接收机动态范围常用的表示方法有 1dB 压缩点动态范围 DR_{-1}(接收机线性动态范围)和无失真信号动态范围 DR_{SFDR}。

1dB 压缩点动态范围 DR_{-1}:定义为当接收机输出功率大到产生 1dB 增益压缩时,输入信号功率与最小可检测信号或等效噪声的比值,即

$$DR_{-1} = \frac{P_{i-1}}{P_{i\,min}} = \frac{P_{o-1}}{GP_{i\,min}} = \frac{P_{o-1}}{GS_{min}} = \frac{P_{o-1}}{GkT_0 NFBM} \qquad (4.45)$$

式中:P_{i-1} 为产生 1dB 压缩时接收机输入端的信号功率;P_{o-1} 为产生 1dB 压缩时接收机输出信号功率;G 为接收机增益;NF 为接收机噪声系数;B 为接收机带宽;$M=1$ 为识别因子;T_0 为热力学温度。推导可得

$$DR_{-1} = P_{o-1(dBm)} + 114 - NF_{(dB)} - 10\lg B_{(MHz)} - G_{(dB)} \quad (dB) \qquad (4.46)$$

$$DR_{-1} = P_{i-1(dBm)} + 114 - NF_{(dB)} - 10\lg B_{(MHz)} \quad (dB) \qquad (4.47)$$

无失真信号动态范围 DR_{SFDR}:接收机三阶交调等于最小可检测信号时接收机输入最大信号功率与三阶互调信号之比,即

$$DR_{SFDR} = \frac{P_{isf}}{P_{i\,min}} = \frac{P_{osf}}{GP_{i\,min}} \qquad (4.48)$$

图 4.27 给出了无失真信号动态范围图解法,其中 P_3 为三阶互调功率电平,P_{osf} 为接收机三阶互调信号等于最小可检测信号时接收机输出的最大信号功率,三阶互调交截点是基波频率信号输入输出关系曲线与三阶互调产物与输入信号关系曲线的交点;P_1 为接收机三阶截获点功率,忽略高阶分量和非线性所产生的相位失真和幅度失真的转换有

$$DR_{SFDR} = \frac{2}{3}(P_1 - P_{o\,min}) = \frac{2}{3}(P_1 - P_{i\,min} - G) \qquad (4.49)$$

$$P_{ofs} = P_{o\,min} + DR_{SFDR} \qquad (4.50)$$

$$P_1 = P_{o-1} + 10.65 \quad (dBm) \qquad (4.51)$$

$$\mathrm{DR}_{\mathrm{SFDR}} = \frac{2}{3}(P_{\mathrm{o-1}} - P_{\mathrm{imin}} - G + 10.65)$$

$$= \frac{2}{3}(P_{\mathrm{o-1}} + 114 - \mathrm{NF} - 10\lg B - G + 10.65)$$

$$= \frac{2}{3}(\mathrm{DR}_{-1} + 10.65) \tag{4.52}$$

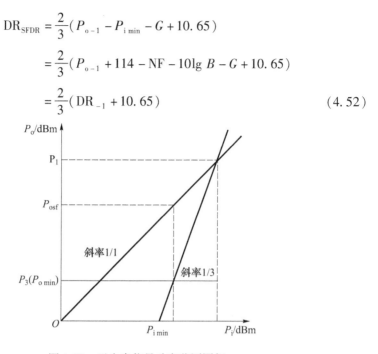

图 4.27 无失真信号动态范围图解

数字化接收机动态设计时要求接收机动态与雷达系统进入接收机的信号的动态相匹配,即要求接收机模拟射频通道动态与接收机输入信号的动态相匹配,同时要求射频通道的动态还与 ADC 的动态相匹配。射频数字化接收机动态设计和灵敏度设计互相关联互相制约的两个重要指标,需要通过合理分配通道增益、合理选择模拟器件指标、合理选择 ADC 指标来进行设计。

理想 ADC 动态范围可表示为

$$\mathrm{DR}_{\mathrm{ADC}} = 10\lg \frac{P_{\max}}{P_{\min}} = \frac{2^{2N}Q^2/8}{Q^2/8} = 20N\lg 2 = 6N \quad (\mathrm{dB}) \tag{4.53}$$

要求射频前端的动态与 ADC 动态相匹配就要求接收机增益设计时最大输入信号不致 ADC 饱和,同时最小信号输入并经过射频前端增益放大后能够被 ADC 充分量化而不致接收机 NF 恶化。接收机大线性动态范围设计需要从 2 个方面入手:合理分配接收机各级增益,设计或选择动态范围大的器件。

现代预警探测雷达一般都有多种工作模式以及与之相对应的瞬时信号带宽,有时有宽窄带兼容工作模式(比如目标成像识别、目标跟踪和目标搜索等工作模式),为了简化接收机设计,接收通道往往是按照最宽带宽来进行设计,在最宽宽带模式下保证系统的灵敏度要求和动态要求,窄带工作模式的灵敏度和瞬时动态可以通过后续多速率信号处理来获得,这要求数字信号处理输出 I/Q

信号要保证足够的噪声位;这种宽窄带一体化接收机设计可以同时获得高灵敏度和大线性动态范围,区别于传统模拟接收机设计方式。

3)多通道数字接收机实现

多通道数字接收机设计主要是基于软件无线电数字化技术和数字下变频 DDC 技术(包括数字正交解调技术与多速率数字信号处理技术)来实现模拟高中频或射频信号到数字基带 I/Q 信号的变换。图 4.28 给出一个 16 通道数字化接收机功能框图。

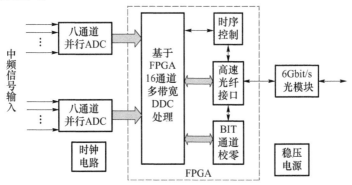

图 4.28　16 通道数字接收机功能框图

该数字化接收机主要包括带宽抑制低通滤波器、中频采样 ADC、基于 FPGA 实现的数字下变频(DDC)处理、光纤接口、时钟电路和电源电路等。其中带宽抑制低通滤波器采用表贴式基于 LTCC 技术的低通滤波器来限制 ADC 的输入信号带宽以抑制带外干扰。ADC 选择 Linear Technology 公司八通道并行 14bit 125MHz 采样率 LTM9011,采样时钟选择 120MHz,射频信号中心频率为 330MHz,满足最佳带通采样定理。设计要求瞬时带宽为 0.5MHz、2.5MHz、7.5MHz、15MHz 和 30MHz 可变。八通道并行 ADC 主要指标如下:

(1) 八通道并行 ADC;

(2) 采样率最高 125MHz;

(3) 位宽 14bit;

(4) 信噪比(SNR)≥70dBFS@ fin = 330MHz/Fs = 125MHz;

(5) 无杂散动态范围(SFDR)≥70dBFS@ fin = 330MHz/Fs = 125MHz;

(6) 输入模拟带宽 800MHz,输入信号幅度 1Vp – p/2Vp – p 可选;

(7) 单电源 1.8V/1.12W,芯片内置电源旁路滤波电容,无须外加。

指标中,fin 为输入频率,Fs 为采样率;@ 表示当输入频率 = 330MHz,采样频率 = 125MHz 时,信噪比 SNR > 70dBFS。

DDC 设计的要求如下:

(1) 中频 330MHz,采样频率 120MHz,中频带宽 30MHz,满足最佳采样定理;

(2) 瞬时信号带宽 0.5MHz/2.5MHz/7.5MHz/15MHz/30MHz5 种,对应基带信号采样频率最低要求为 1MHz/5MHz/15MHz/30MHz/60MHz(工程实现时为避免损失,应采用适当的过采样处理),同时在 20MHz 中频带宽内频分复用 5 个 1MHz 带宽的子带信号或只有一个 5MHz 带宽信号;

(3) 单个 FPGA 同时实现 16 通道并行 DDC 处理。

考虑兼用宽带设计、滤波器阶数降低和资源节省,多采样频率、多带宽、多通道 DDC 采用二次数字混频三级滤波抽取结构来实现,单个通道 DDC 实现功能框图如图 4.29 所示。

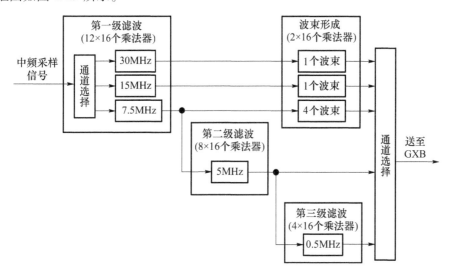

图 4.29 多采样频率、多带宽 DDC 算法实现功能框图

4.2.4 发射波束形成软硬件实现

4.2.4.1 数字发射波束形成硬件实现

在数字发射波束形成系统中核心硬件包括 DDS 芯片和固态发射功率管,这 2 种器件的技术指标在很大程度上决定了雷达系统的战术性能。

1) 直接数字频率合成(DDS)技术[15-17]

数字阵列雷达系统中要求发射信号频率稳定度高,输出动态范围大,具有良好的输出频率响应,并具有调制功能,频谱纯度高并具有频率、相位、幅度可编程控制等要求。传统的模拟信号源已远不能满足要求。20 世纪 70 年代初,美国学者 J. Tiemey, C. M. Rader 和 B. Gold 等首先提出以全数字技术,从相位概念出发直接合成所需波形的一种新的频率合成原理,称为直接数字频率合成技术。直接数字频率合成技术具有频率分辨力高、频率转换速度快、相位连续和频率稳定度高等优点,给现代雷达技术带来了新的发展动力。由于 DDS 具有高的捷变速度与高频率分辨力,以及频率转换时相位的连续性,可以输出宽带的正交信号,全数字化便于单片集成等优越性能,因此在几十年时间里得到了飞速的发展,DDS 的应用也越来越广泛。

DDS 的合成理论特点决定了它存在 2 个比较明显的缺点:一是输出频率信号的杂散比较大;二是输出信号的带宽受到限制。故研制高工作时钟频率和优越杂散性能的 DDS 芯片成为 DDS 技术的另一个发展方向。DDS 输出杂散比较大,这是由于信号合成过程中的相位截断误差、D/A 转换器量化误差和 D/A 转换器的非线性造成的。

随着超高速 GaAa 器件的发展,DDS 输出带宽的限制正在逐步被克服。而杂散是 DDS 的自身特点所决定的,杂散将越来越明显地成为限制 DDS 技术应用领域的重要因素。J. Tiemey 等在第一次提出了 DDS 的概念时,就给了频谱特性的部分统计分析结果,他们还提出用于低杂散 DDS 设计的 2 种主要方法:单象限正弦波形存储和改造的查表算法,查表算法后来被 Sunderland 等发展成一种十分有效的压缩存储查表法,称为 Sunderland 结构。Nicholas 等采用单象限正弦波形存储结构和改进的 Sunderland 结构,设计并研制了一种杂散性能优秀,时钟频率高的高性能 DDS。再到后来,Oleary 又提出用噪声整形法,给出一种修正的 DDS 结构,可以有效地提高输出频谱性能。1994 年,Harris 等又提出用噪声反馈的方法以降低由波形表数模转换器量化所产生的误差。当前 DDS 芯片的各项技术已日臻成熟,通常情况下其工作原理如图 4.30 所示。

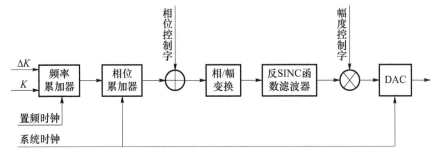

图 4.30 DDS 工作原理框图

从理论上讲 DDS 可以产生任意的信号波形,也就是说 DDS 技术可以直接对产生的信号波形参数(如频率、相位、幅度)中的 1 个、2 个或 3 个同时进行直接调制。以调频为例,对于一个 DDS 系统,其输出频率由下式给出,为

$$f_{\text{out}} = K \times \frac{f_{\text{clock}}}{2^n} \tag{4.54}$$

式中:K 为频率控制字;f_{clock} 为 DDS 输入时钟频率;n 为相位累加器的位数。

对于给定的 DDS,相位累加器的位数是一个固定值,当输入时钟频率设定后,其输出频率随控制字 k 而变化。所以只要使频率控制字 k 按照调制信号的规律进行改变就可实现所需要的调频信号;同时通过相位累加器和正弦函数表之间的数字加法器,可以实现对输出信号的精确相位控制。

对于理想 DDS 模型,经过 DAC 后输出信号数学表达式为

$$s(t) = \sum_{l=-\infty}^{+\infty} [\sin\omega_0 t \cdot \delta(t-lT_c)] \cdot h\left(t-\frac{1}{2}T_c\right) \quad (4.55)$$

则阶梯波 $s(t)$ 傅里叶变换得到的频谱为

$$s(\omega) = -j\pi\sum_{l=-\infty}^{+\infty} \mathrm{Sa}\left(\frac{f_0-lF_s}{f_c}\pi\right) \cdot \exp\left(-j\frac{lF_s-f_0}{F_s}\right) \cdot \delta(\omega+l\omega_c-\omega_0)$$

$$+ j\pi\sum_{l=-\infty}^{+\infty} \mathrm{Sa}\left(\frac{f_0+lF_s}{F_s}\pi\right) \cdot \exp\left(-j\frac{lF_s+f_0}{F_s}\right) \cdot \delta(\omega+l\omega_c-\omega_0) \quad (4.56)$$

式中:$\mathrm{Sa}(\cdot)$ 表示辛格函数;F_s 为采样频率;T_c 为采样周期;ω_c 为 DAC 时钟角频率。

由式(4.56)可见,理想 DDS 的输出谱线仅位于 $\omega_0 \pm l\omega_c$ 处,其中 $l = 0,1,2,\cdots$,而且所有的谱线都在 $\mathrm{Sa}\left(\frac{f_0+lF_s}{F_s}\pi\right)$ 的包络内,理想 DDS 输出频谱如图 4.31 所示。

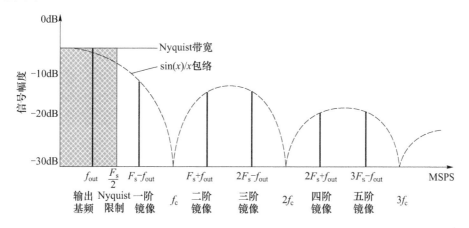

图 4.31　理想 DDS 输出频谱

由 Nyquist 取样定理可知,要恢复理想波形,输出频率不能超过 $f_c/2$,若超过 $f_c/2$,则一阶镜像频率就会落在 Nyquist 带宽内,即直流到 $f_c/2$ 的范围内。由于孔径失真带来 $\sin(x)/x$ 的包络,使得 DDS 的输出幅度在 Nyquist 带宽内会有几分贝的下降。因此有的公司推出的 DDS 芯片中含有一个特性为 $x/\sin(x)$ 的预失真滤波器,它可以把 DDS 的输出幅度波动限制在 ±0.1dB 内。

当 $l = 0$ 时,理想 DDS 的输出即为所需的基频信号,并且在所有谱线中幅度最大,其值可以达到 $\pi\mathrm{Sa}\left(\dfrac{f_0}{f_c}\pi\right)$。同时,我们可以注意到在 nf_c 处没有谱线。

在射频数字化发射系统中,DDS 需要根据系统要求直接产生一定调制形式、脉宽、带宽、相位和频率的射频信号,省去了传统发射通道中的混频环节,使通道设计更加简洁。在进行数字阵列雷达中的多路发射通道设计时,需要关注的是多通道 DDS 输出信号的同步问题,为了实现空间发射波束形成,就必须保证各通道间发射信号的相对相位是稳定的,这里并不要求通道间的相位保持绝对一致,这些固定相位差可以连同模拟通道的相位差通过系统校正一并消除。另外,应引起足够重视的是:由于累加器步进存在量化精度的问题,在完成长脉宽波形设计时,累加的次数较多,很容易将四舍五入后引入的误差放大到无法容忍的程度,此时应适当改变步进跨度将累计误差总额控制在可接受的范围内。

2) 固态发射机技术

对相位有相关性要求的发射机均为主振放大式发射机,功率放大器的有源器件可以是电真空器件,也可以是晶体管,如采用后者,则称为固态发射机。本书着重介绍固态发射机系统,固态发射机的一般由前级放大器、中间级放大器、功率分配器、末级功率放大器、功率合成器、定向耦合器、环行器等组成,对于有谐波抑制要求的发射机,其输出端往往还有谐波滤波器。根据具体设备需求可以适当简化设备量。

晶体管是放大器的心脏,有必要对其进行简要描述:

晶体管有 2 类:一类是双极型晶体管(BJT);另一类为场效应晶体管(FET)。双极型晶体管是 Shockley、Bardeen 和 Brittain 等在 1948 年发明的。目前是雷达领域里应用最广泛的半导体器件之一,目前在 S 波段以下的频率,广泛应用的是硅工艺的 BJT,BJT 是一种 pn 结器件,由背靠背的结组成,是一个三端器件,可以是 pnp 或 npn。对于高频应用,优先选用 npn 结构,这是因为器件的工作依赖于少数载流子穿越基区扩散的能力。由于电子通常具有比空穴好得多的迁移特性,所以需用 npn 结构。

1930 年,Lillienfeld 提出了场效应晶体管(FET)的基本概念;1948 年,Schockley 发明了双极型晶体管,并于 1952 年提出了场效应晶体管的概念。FET 属于电压控制器件,它与 BJT 的区别在于导电机理不同,晶体三极管是电流控制器件,其导电机理是多数载流子和少数载流子共同完成的,所以被称为双极型晶体管。而场效用晶体管的物理结构是一个整片半导体材料(如硅或砷化镓),其电流通路(也称导电沟道)受到外加电压(电场)的作用时,只有一种载流子起导电作用。由栅极物理结构的不同,场效应晶体管有 3 种基本类型:

(1) 结型场效应晶体管(JFET);

(2) 金属半导体场效应晶体管(MESFET);
(3) 金属氧化物半导体场效应晶体管(MOSFET)。

由于制造工艺的限制,JFET通常用于低频电路,用于低频放大器或者开关控制电路的元件,MESFET一般用于微波频率的较高频率处,如目前广泛使用的GaAsMESFET可以工作到毫米波段。

MOSFET初期用于数字集成电路中,随着晶体管制造技术的飞速发展以及MOSFET制造加工工艺的不断改进,MOSFET的工作频率和输出功率能力不断提高。在S波段以下的频率中,MOSFET的功率输出能力有超越BJT之势,特别是在UHF低端、VHF频段以及短波频段,最近的MOSFET功率器件发展很迅速,而BJT晶体管技术维持在较早前的技术状态。

微波功率晶体管的输入/输出阻抗通常非常低且具有相当的电抗部分,并且随着输出功率的增加阻抗将变得更低,为了实现最大的传输功率,这些低阻抗必须变换到50Ω,也就是必须要进行阻抗匹配电路的设计。一个合适的阻抗匹配网络不仅可以实现频带内最佳的功率传递效率,减小功率损耗,而且还具有其他一些功能,比如减小噪声干扰、提高功率容量和提高频率响应线性度等。因此,微波功率晶体管放大器的设计关键就是阻抗匹配,即将晶体管放大器的输入阻抗与信源内阻实现共轭匹配;晶体管放大器的输出阻抗与负载阻抗达到共轭匹配;前级晶体管的输出阻抗与后级晶体管的输入阻抗实现共轭匹配。选择大功率晶体管时,最好选择较高工作电压的器件,因为工作电压高,其输出阻抗相对较高,匹配相对容易;另外,工作电压高,工作电流相对低,对直流馈电的损耗也会降低,直流馈电可以用更细的导线,同等功率下,较高电压小电流开关电源比低压大电流开关电源容易实现且成本更低。图4.32所示为功率放大器结构框图。

图4.32 功率放大器结构框图

功率放大器性能指标通常包括工作频率范围、功率、增益、增益平坦度、P_{1dB}增益压缩点效率、谐波、杂散等。

(1) 工作频带。工作频带通常指放大器满足其全部性能指标的工作频率范围。放大器的实际工作频率可能会大于定义的工作频率范围。

(2) 1dB压缩点输出功率为P_{1dB}。当输入功率比较小时,输出功率与输入功率呈线性关系,其增益称为小信号线性增益G_0;当输入功率达到一定值时功率放大器将出现饱和,如图4.33所示;当输出功率比理想线性放大器输出功率跌落 1dB 时的功率称为 1dB 压缩功率,通常用符号 P_{1dB} 表示。1dB 压缩点处对应的增益记为 G_{1dB},则有 $G_{1dB} = G_0 - 1dB$,通常情况下功率放大器和晶体管都用 P_{1dB} 表示其功率输出能力,单位是 dBm,其与输入信号功率的关系为

$$P_{1dB} = P_{in(1dB)} + G_0 - 1 \tag{4.57}$$

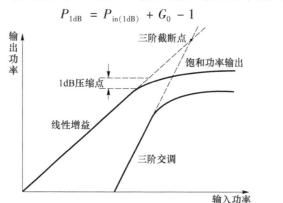

图 4.33 线性、三阶交调分量与输入信号的关系

(3) 增益特性。功率增益通常是指信源和负载都是 50Ω 时所测出的输出功率 P_{out} 和输入功 P_{in} 率之比,以 dB 表示。

$$G(dB) = 10\lg \frac{P_{out}}{P_{in}} \tag{4.58}$$

在功率放大器设计中,与增益有关的技术指标还有增益平坦度、增益稳定度和带外抑制等。大多数功率放大器都有带宽的指标要求,且要求在一定的频带宽度内功率放大器的增益尽可能一致。增益平坦度是指工作频带内增益的起伏。通常用最高增益和最低增益之差表示为

$$\Delta G(dB) = G_{max} - G_{min} \tag{4.59}$$

增益平坦度说明了功率放大器在一定频率范围内的变化大小;而增益的稳定度表征了功率放大器在正常工作条件下增益随温度以及工作环境变化的稳定性;带外抑制表述了功率放大器对带外信号的抑制程度。

另外一个方面,在脉冲雷达里,供电系统为功率放大器提供的通常是所需的发射信号的平均功率,这样供电系统增加储能电容,以补偿随着发射脉冲宽度的增加而产生的发射脉冲顶降变化。发射通道所需的储能电容按照下式计算,为

$$C = \frac{I_p \times \tau}{d \times V_{cc}} \tag{4.60}$$

式中:I_p 为峰值电流;τ 为脉冲宽度;d 为电压顶降;V_{cc} 为工作电压。

(4) 功率效率及功率附加效率。功率放大器的功率效率是指功率放大器的射频输出功率与提供给晶体管的直流功率之比,即

$$\eta_P = \frac{P_{out}}{P_{DC}} \tag{4.61}$$

它表示功率放大器把直流功率转换成射频功率的能力。在设计功率放大器时,考虑到增益的影响,定义功率附加效率(PAE)为功率放大器输出功率 P_{out} 与输入功率 P_{in} 之差再与共给的直流功率 P_{DC} 之比,即

$$\text{PAE} = \frac{P_{out} - P_{in}}{P_{DC}} \tag{4.62}$$

PAE 是功率放大器的一个重要参数,它既反映了功率放大器将直流功率转换成射频功率的能力,又反映了功率放大器放大射频功率的能力。

(5) 交调失真。交调失真是具有不同频率的两个或多个输入信号通过功率放大器后产生的混合分量,它是由于功率放大器的非线性引起的。设有 K 路输入信号,其频率分别为 $f_1, f_2, \cdots, f_k$,通过功率放大器后由于功放的非线性,输出分量中将包含许多混合分量,为

$$mf_1 \pm nf_2 \pm \cdots \pm pf_k \tag{4.63}$$

式中: $m, n, \cdots, p = 0, 1, 2, \cdots$,各分量分别称为 $(m + n + \cdots + p)$ 阶交调分量,功率放大器的非线性越强,交调分量越大,交调分量的大小可以用交调系数来表示:假设有 K 路等幅的信号,$(m+n)$ 阶交调系数可以表示为

$$\text{IM}_{m+n} = 10\lg\left(\frac{P_{m+n}}{P_1}\right) = 10\lg\left(\frac{P_{m+n}}{P_2}\right) = \cdots = 10\lg\left(\frac{P_{m+n}}{P_K}\right) \tag{4.64}$$

式中: $P_1, P_2, \cdots, P_K$ 分别对应着基波功率;P_{m+n} 为 $(m + n)$ 阶交调功率;IM_{m+n} 的单位为 dBc。如果输入到放大器的信号是等幅信号,在上面的各阶分量中,频率为 $2f_i - f_{i+1}$ 或 $2f_{i+1} - f_i$ 的分量与基波 f_i 或 f_{i+1} 分量之比称为三阶交调系数 IM_3;类似的,频率为 $3f_i - 2f_{i+1}$ 或 $3f_{i+1} - 2f_i$ 的分量与基波 f_i 或 f_{i+1} 分量之比称为三阶交调系数 IM_5。

(6) 谐波失真。当输入信号增加到一定程度时,因功率放大器的非线性特性而产生一系列的谐波。对于窄带功率放大器,这些谐波通常不在通带内,用滤波器可以很容易滤掉这些谐波。对于宽带功率放大器,这些谐波可能落在信号通带内,用滤波器很难滤掉这些谐波,谐波失真大小由下式计算,为

$$\text{HD}_n = 10\lg \frac{P_{out(nf_0)}}{P_{out(f_0)}} \tag{4.65}$$

式中: HD_n 为 n 次谐波失真;$P_{out(f_0)}$ 为基波信号输出功率;$P_{out(nf_0)}$ 为 n 次谐波输出功率,谐波抑制为基波功率与谐波功率的比值。

(7) 输入、输出驻波比和回波损耗。输入、输出驻波比是设计微波功率放大器必须考虑的一项关键技术指标。因为功率管的输入输出阻抗都比较小,与 50Ω 系统存在较大失配,失配严重时功率放大器输出端的瞬时射频电压或电流可能会超出额定值的一倍,造成功率管损坏;并且输入输出驻波比变坏还将导致系统的增益平坦度和群时延变差。

由于用微波仪器测量反射功率比较容易,因此在微波波段通常用回波损耗来表示端口的匹配情况。回波损耗的含义是反射功率与入射功率的比值(单位为 dB)。回波损耗 ρ_α 和驻波比 ρ 的关系可以用下式表示,为

$$\rho_\alpha = 20\lg\left(\frac{\rho-1}{\rho+1}\right) \quad (4.66)$$

反射系数的模为

$$|\varGamma| = \frac{\rho-1}{\rho+1} \quad (4.67)$$

由此可得出驻波比、回波波损耗、反射系数之间的换算值。

(8) 稳定系数。微波功率放大器由于存在内部反馈,将会引起放大器工作性能的不稳定,甚至引起自激振荡,为了衡量放大器的稳定性,引入稳定系数 K 的概念。

$$K = \frac{1-|S_{11}|^2-|S_{22}|^2+|\Delta|^2}{2|S_{12}S_{21}|} \quad (4.68)$$

式中

$$\Delta = S_{11}S_{22} - S_{12}S_{21} \quad (4.69)$$

并得到了微波功率管绝对稳定的条件公式为

$$K > 1 \quad (4.70)$$

$$\frac{1-|S_{11}|^2}{|S_{12}S_{21}|} > 1 \quad (4.71)$$

$$\frac{1-|S_{22}|^2}{|S_{12}S_{21}|} > 1 \quad (4.72)$$

当这 3 个条件同时满足时,放大器是绝对稳定的,即当信号源阻抗 Z_S 和负载阻抗 Z_L 为任何值时放大器都能稳定工作。

3) 雷达发射机稳定性要求

在发射数字波束形成雷达系统中,除了上面阐述的常规指标要求外,发射机的幅相稳定性指标同样是影响雷达整机技战术性能的关键因素。需要说明的是这里的发射机幅/相稳定性不仅仅指固态发射功率管,而是包含激励信号产生、滤波放大等环节在内的整个发射通道的指标要求。

动目标显示(MTI)工作模式下对发射机的一项基本要求就是发射信号在脉冲间具有高的幅相稳定度,如果发射机射频输出信号在相邻脉冲间存在幅度、相位或频率不稳定、触发脉冲时间抖动和脉冲宽度不稳定的情况,都会使固定目标的回波不能完全对消,这就限制了相干 MTI 系统的性能指标,MTI 性能通常用改善因子 I' 来表示。I' 定义为

$$I' = \frac{\overline{S}_o/C'_o}{S_i/C'_i} = \frac{\overline{S}_o}{S_i}\mathrm{CA} \quad (4.73)$$

式中：$\mathrm{CA} = \dfrac{C'_i}{C'_o}$，为杂波抑制度或对消比，它是对消器输入杂波功率 C'_i 与输出杂波功率 C'_o 之比；$\bar{S}_o/S_i$ 为信号增益，这是对消器输出信号在所有可能的目标速度上的平均功率与输入信号功率之比，S_o 取平均值是因为对消系统对不同多普勒频率响应不同，且目标速度是在一定范围内分布的。发射机的不稳定因素对 MTI 雷达改善因子的限制如表 4.1 所列。

表 4.1 发射机不稳定因素对 MTI 雷达改善因子的影响

脉间不稳定因素	对改善因子的限制
相位不稳定	$I' = 20\lg \dfrac{1}{\sigma_\varphi}$
幅度不稳定	$I' = 20\lg \dfrac{A}{\sigma_A}$
触发脉冲不稳定	$I' = 20\lg \dfrac{\tau}{\sqrt{2}\,\sigma_t}$
射频脉冲宽度不稳定	$I' = 20\lg \dfrac{\tau}{\sigma_\tau}$
发射脉冲频率不稳定	$I' = 20\lg \dfrac{\sqrt{3}\,\tau}{(2\pi\tau)\sigma_f}$

另外，发射机幅/相不稳定因素还会影响发射机之间的幅度和相位一致性，进而影响发射波瓣形状，当然，这里指的是发射机间幅/相变化的不一致性。发射机的不稳定度产生的原因比较多，比如温度、振动、时钟信号抖动和器件的离散性等。由于通常情况下雷达无法进行持续的校正工作，所以发射机的这些不稳定因素影响应该划归到"校正剩余"的范畴中，并且随时间可能产生误差累计效应，在系统设计及验证过程中应给予充分的考虑及验证。

4）多通道数字波形产生器实现

目前常规雷达波形产生大都采用波形库的方式将雷达波形参数预选存储在存储器中，雷达工作是，波形产生器接收雷达指令信息产生预选编辑的波形信号，这种方式优点是软件接口简洁、容易实现，缺点是波形编辑不灵活，无法实时动态更新，随着雷达抗干扰要求不断提高，第四代雷达提出了雷达工作波形要自适应地匹配外部环境。因此传统的基于波形库的雷达波形产生器不能满足新一代雷达的需求。

本多通道数字波形产生器采用参数化方式实现雷达复杂波形产生，所有的波形参数都通过信号处理系统实时地传送给波形产生器，波形产生器根据波形产生快速地控制 DDS 产生雷达所需的各种波形。图 4.34 给出了一个 16 通道数字波形产生器功能框图。

DDS 设计采用国产化 DDS 芯片 4 通道宽带雷达信号源，采用具有混频功能的 DAC，该 DAC 可以输出第二 Nyquist 域信号。跨 Nyquist 域 DAC 是通过将传统 DAC 改为 4 开关 DAC 来实现，通过 4 开关结构 DAC 可实现模拟混频功能，该

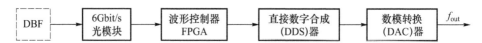

图 4.34　16 通道数字波形产生器功能框图

模式下时钟信号的每半个周期内混频信号的幅值在正幅值和负幅值间波动,这样 DAC 混频信号输出频率等于时钟频率加上或减去输入数字信号的频率,实现跨 Nyquist 域信号输出。图 4.35 是 DAC 转换波形图和 DAC 输出频谱特性。当 DAC 工作在普通模式和混频模式时,DDS 在 1GHz 时钟频率下,直接输出信号频率可覆盖 DC~1GHz 整个 P 波段范围。

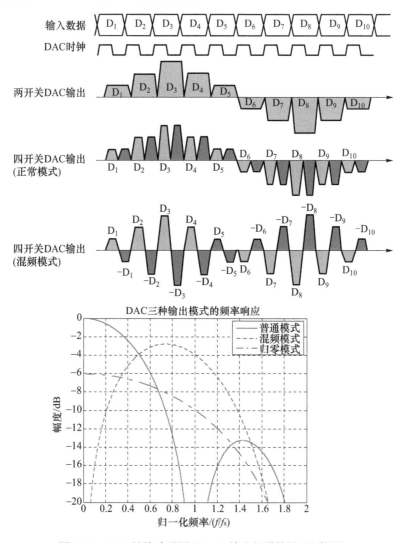

图 4.35　DAC 转换波形图和 DAC 输出频谱特性(见彩图)

4通道DDS芯片工作频率为480MHz,输出中频为330MHz,DAC工作模式为混频模式,输出信号位于第二Nyquist域,测试各项指标满足本系统指标要求,4通道DDS芯片的主要指标如下。

(1) 4路1GSPS(SPS为采样率)并行同步DDS通道;

(2) 12bit DAC,具有逆SINC补偿功能;

(3) 相位调节精度16bit,频率调节精度32bit,幅度调节精度10bit;

(4) 通道间隔离度≥65dB;

(5) 功耗800mW;

(6) 工作电源电压+3.3V/+1.2V;

(7) 输出信号形式:点频/线性调频(LFM)/非线性调频(NLFM)/相移键控(PSK)/幅移键控(ASK)等,通道间独立的频率/相位/幅度控制。

图4.36给出了数字波形产生器DDS芯片输出测试结果。

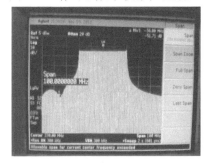
(a) 频谱包络图

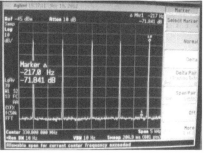
(b) 脉内信噪比

图4.36　DDS芯片输出测试结果(见彩图)

4.2.4.2　数字发射波束形成软件实现

数字发射波束形成系统具有波束控制灵活、可重构等特点,是目前相控阵雷达中数字化、软件化最高的一种形式,其核心技术基础是每个天线单元都对应一个灵活可编程的DDS芯片,每个发射单元的频率、带宽、调频形式、脉宽和相位等信号特征独立可控,系统任务管理可以根据装备实际需要重新编排天线阵面各单元的信号特征,完成雷达新的战术任务。实现时,DDS的参数配置靠FPGA完成,其软件实现框图如图4.37所示。

用DDS器件产生波形具有集成度高、体积小、工作稳定可靠的优点。当信号带宽较宽时,相位截短误差和幅度量化误差序列趋于随机化,表现为在信号中引入宽带白噪声基底。通过滤波可以滤除部分频率分量,但信号带宽内的噪声无法滤除。不过,在接收时匹配滤波器对其有所抑制,所以具体实现时可以降低对DDS噪声基底的要求。

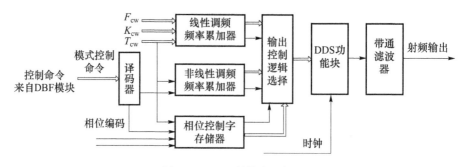

图 4.37 DDS 软件实现框图

4.3 接收数字波束形成技术

波束形成是指将一定几何形状(直线、圆柱、方形等)排列的多元基阵各阵元输出经过处理(加权、时延、求和等)形成空间指向性的方法,也可以说是将一个多元阵经适当处理使其对某些空间方向的信号具有所需响应的方法。波束形成技术基于基阵具有方向性的原理,即当信号源在不同方向时,由于各阵元接收信号的相位差不同,因而形成的和输出的幅度不同,即阵的响应不同。一个任意多元阵,将所有阵元的信号相加得到的输出就形成了基阵的自然指向性。若有一远场平面波入射到这一基阵上,它的输出幅度将随平面入射角的变化而变化。一般只有直线阵或空间平面阵才能在阵的法线方向形成同相相加得到最大输出,一个任意阵型的基阵一般不能形成同相相加。但通过适当的处理,例如将接收到的信号加上适当的延时,就可以达到同相相加的目的。对多元阵阵元接收信号进行时延或相移,使对预定方向的入射信号形成同相相加,这就是波束形成的基本原理。

波束形成是对多传感器阵列接收到的数据在空间上增强期望信号、抑制噪声和干扰的处理过程,是阵列信号处理的一个重要内容。按波束形成的方式可以分为模拟波束形成和数字波束形成。

模拟波束形成是在射频采用模拟器件(如移相器、时延单元及波导等)来形成波束,使用模拟波束形成的相控阵雷达波束形成网络方案确定之后,波束形状将无法改变,仅能改变波束的方向,难以实现波束的自适应控制。

数字波束形成则是以数字技术实现波束形成的技术,全数字化相控阵雷达不仅接收波束形成以数字方式实现,而且发射波束形成同样以数字技术实现。它保留了天线阵列单元信号的全部信息,可以采用先进的数字信号处理技术对天线阵列信号进行处理,以获得超分辨力,实现波束的扫描及目标的跟踪等目的。此外,数字波束形成可以自适应地形成波束实现空域抗干扰;还可以同时形成多个独立可控的波束而不损失信噪比;波束特性由权矢量控制,灵活可变;扫描波束的形状和波束指向可通过移相器进行控制,并可随距离单元不同而灵活改变;采用 DBF 的天线具有较好的自校正和低副瓣性能。这些优点是模拟波束形成所不具备的,因而数字波束形成技术在雷达信号处理、通信信号处理以及电子对抗系统中得到了广泛的应用。

4.3.1 接收数字波束形成信号流程

数字阵列雷达的接收系统是一个多通道系统,采用数字接收波束形成技术,每个天线单元对应一路数字化接收通道,回波信号经天线接收后,通过低噪声放大、变频和滤波后,在经模数转换(ADC)器完成模数转换,最后在数字域完成数字解调,将回波信号变成数字基带信号。在接收数字波束形成中,通过对数字基带信号进行幅相加权,即独立控制每个天线单元输入信号的相位和幅度,从而形成雷达系统期望的空域波束,接收数字波束形成流程如图 4.38 所示。

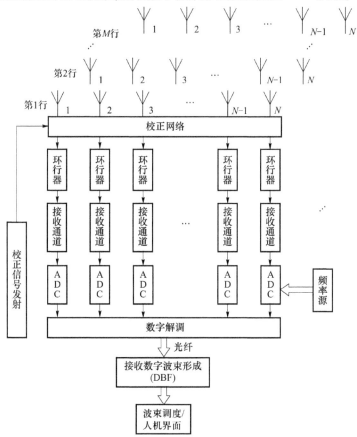

图 4.38　接收数字波束形成信号流程图

接收数字波束形成工作流程如下：

（1）接收校正，在数字阵列雷达中通常选择串行校正网络进行雷达系统通道校正，雷达系统接收内场校正时，校正通道按频点依次发射校正点频信号，该信号经校正网络依次送入数字阵列雷达接收通道中，接收通道同时提取每个接收通道各频点的幅相信息，送信号处理系统数字波束形成器中进行运算。

（2）由任务管理分系统给出波束调度命令，在数字波束形成器中，将校正后的通道初始幅度和相位值代入，根据不同波束指向计算出各接收通道对应的幅度和相位加权值，将该幅/相加权值分别与对应通道的数字基带信号进行复数相乘并累加，最后输出不同波束指向对应的波束形成后信号。

4.3.2 接收数字波束形成实现原理

接收数字波束形成是数字阵列雷达在接收工作时以数字技术来形成接收波束，是将传统相控阵雷达中微波加权移至数字基带上的波束形成技术，把对阵列的衰减器和移相器的控制变成直接对数字信号进行加权运算。这些权值可以根据阵元获取的采样数据，甚至包括波束形成输出数据，运用某种自适应方法进行实时更新，从而使波束具有特定的形状和期望的零点，来达到增强有用信号、抑制干扰的目的。接收数字波束形成系统主要由天线阵单元、接收组件、A/D 变换器、数字波束形成器、控制器和校正单元组成。

在数字阵列雷达中接收波束形成系统将空间分布的天线阵列各单元接收到的信号分别不失真地进行放大、下变频、滤波等处理变为中频信号，再经 A/D 变换器转变为数字信号。然后将该数字信号经过数字下变频、滤波、抽取等处理形成的基带数字信号送到数字处理器进行处理，形成多个灵活的波束。数字处理分成 2 个部分：波束形成器和波束控制器。波束形成器接收数字化单元信号和加权值而产生波束；波束控制器则用于产生适当的加权值来控制波束。校正单元完成接收系统的接收校正功能，使得每个接收通道的通道特性完全一致。

图 4.39 为按矩形排列的天线单元的平面阵列及坐标关系。整个阵面在 yz 平面上，共有 $M \times N$ 个天线单元，垂直和水平单元间距分别为 d_1 和 d_2。

设回波所在的方向以方向余弦 $(\cos\alpha_x, \cos\alpha_y, \cos\alpha_z)$ 表示，则相邻接收天线单元之间的"空间相位差"应如下。

按垂直（z 轴）方向

$$\Delta\phi_1 = \frac{2\pi}{\lambda} d_1 \cos\alpha_z \qquad (4.74)$$

按水平（y 轴）方向

$$\Delta\phi_2 = \frac{2\pi}{\lambda} d_2 \cos\alpha_y \qquad (4.75)$$

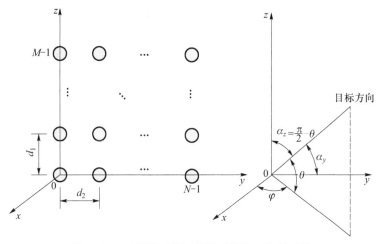

图 4.39 天线单元按矩形排列的平面阵列天线

则第 (i,k) 个接收天线单元与第 $(0,0)$ 个接收天线单元之间的"空间相位差"为

$$\Delta\phi_{ik} = i\Delta\phi_1 + k\Delta\phi_2 \tag{4.76}$$

若阵内移相器在垂直方向相邻单元之间的相位差为 $\Delta\phi_{B\beta}$,水平方向相邻单元之间的相位差为 $\Delta\phi_{B\alpha}$,则第 (i,k) 个天线单元相对参考单元即第 $(0,0)$ 号提供的相移量 $\Delta\phi_{Bik}$ 为

$$\Delta\phi_{Bik} = i\Delta\phi_{B\beta} + k\Delta\phi_{B\alpha} \tag{4.77}$$

令第 (i,k) 个天线单元的幅度加权系数为 a_{ik},则图 4.39 中平面相控阵天线的方向图应为

$$\begin{aligned} F(\alpha_x,\alpha_y) &= \sum_{i=0}^{M-1}\sum_{k=0}^{N-1} a_{ik}\mathrm{e}^{\mathrm{j}[\Delta\phi_{ik}-\Delta\phi_{Bik}]} \\ &= \sum_{i=0}^{M-1}\sum_{k=0}^{N-1} a_{ik}\mathrm{e}^{\mathrm{j}[i(d_{r_1}\cos\alpha_z-\Delta\phi_{B\beta})+k(d_{r_2}\cos\alpha_y-\Delta\phi_{B\alpha})]} \end{aligned} \tag{4.78}$$

式中:$d_{r_1} = \dfrac{2\pi d_1}{\lambda}$;$d_{r_2} = \dfrac{2\pi d_2}{\lambda}$。

若以 $(0,0)$ 号单元的相位做参考相位,则第 (i,k) 单元接收信号的"空间相位"矩阵 $[\Delta\phi_{ik}]_{M\times N}$ 为

$$[\Delta\phi_{ik}]_{M\times N} = \begin{Bmatrix} 0+0 & 0+d_{r_2}\cos\alpha_y & \cdots & 0+(N-1)d_{r_2}\cos\alpha_y \\ d_{r_1}\cos\alpha_z & d_{r_1}\cos\alpha_z+d_{r_2}\cos\alpha_y & \cdots & \\ \vdots & & & \vdots \\ (M-1)d_{r_1}\cos\alpha_z+0 & \cdots & & (M-1)d_{r_1}\cos\alpha_z+(N-1)d_{r_2}\cos\alpha_y \end{Bmatrix} \tag{4.79}$$

第 (i,k) 单元的"阵内相位"矩阵 $[\Delta\phi_{Bik}]_{M\times N}$(为简化起见,以 α 表示 $\Delta\phi_{B\alpha}$,

以 β 表示 $\Delta\phi_{B\beta}$ ）为

$$[\Delta\phi_{Bik}]_{M\times N} = \begin{Bmatrix} 0+0 & 0+\alpha & \cdots & 0+(N-1)\alpha \\ \beta+0 & \beta+\alpha & \cdots & \beta+(N-1)\alpha \\ 2\beta+0 & 2\beta+\alpha & \cdots & 2\beta+(N-1)\alpha \\ \vdots & \vdots & & \vdots \\ (M-1)\beta+0 & (M-1)\beta+\alpha & \cdots & (M-1)\beta+(N-1)\alpha \end{Bmatrix} \quad (4.80)$$

当 $[\Delta\phi_{ik}]_{M\times N} = [\Delta\phi_{Bik}]_{M\times N}$ 时，方向图将得到最大值。改变"阵内相位"矩阵，天线方向图就按与 α、β 相对应的 $\cos\alpha_y$、$\cos\alpha_z$ 方向进行扫描。由于 $\theta = \frac{\pi}{2} - \alpha_z$，故 $\cos\alpha_z = \sin\theta$，$\cos\alpha_y = \cos\theta\sin\varphi$，于是有

$$F(\theta,\varphi) = \sum_{i=0}^{M-1}\sum_{k=0}^{N-1} a_{ik} e^{j[i(d_{r1}\sin\theta - \beta) + k(d_{r2}\cos\theta\sin\varphi - \beta)]} \quad (4.81)$$

为了在 (θ_B,φ_B) 方向上获得波束最大值，α、β 应为

$$\begin{cases} \beta = \dfrac{2\pi}{\lambda} d_1 \sin\theta_B \\ \alpha = \dfrac{2\pi}{\lambda} d_2 \cos\theta_B \sin\varphi_B \end{cases} \quad (4.82)$$

因此按上式改变"阵内相位差" α 和 β，也就是改变移相器的相位，即可实现接收波束的相位扫描。

4.4 发射数字波束形成技术

相控阵雷达是通过改变天线阵列发射波束的合成方式来改变波束扫描方向的雷达,利用众多分立的天线单元分别发射信号,通过波束调度在空间实现功率合成和指向变化。现阶段,相控阵雷达按照其波束形成方式可以分为无源相控阵雷达、有源相控阵雷达和数字阵列雷达3种。无源相控阵雷达采用集中式发射机和接收机,靠分配/合成网络及移相器完成波束控制;有源相控阵雷达与无源相控阵雷达明显的区别就是每个天线单元都对应一个模拟 T/R 组件,其波束形成仍然需要模拟移相器;数字阵列雷达采用数字 T/R 组件构建有源雷达阵面,每个天线单元都对应一个 ADC 器件和一个 DAC 或 DDS 器件,发射单元相位控制依靠改变信号产生初相实现,接收波束形成在数字域完成,即采用收/发全数字波束形成技术。

4.4.1 发射数字波束形成信号流程

数字阵列雷达的发射系统是一个多通道系统,采用发射数字波束形成技术,每个天线单元对应一路数字化 T/R 通道,通道相位控制通过改变 DDS 产生的激

励波形初始相位完成,每个通道的频率、带宽、调频形式、脉宽和相位等信号特征独立可控,这为雷达发射波束形成设计带来了很大的灵活性。发射数字波束形成流程如图4.40所示。

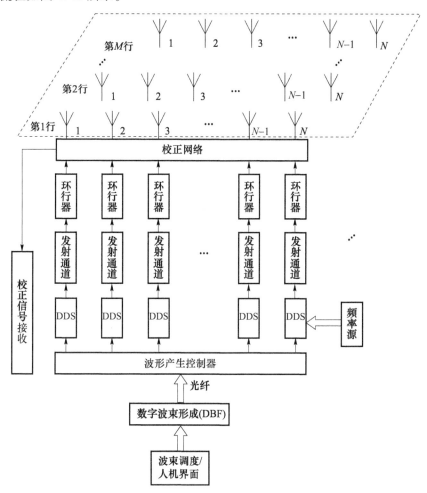

图 4.40 发射数字波束形成流程图

发射数字波束形成工作流程如下:

(1)发射校正,在数字阵列雷达中通常选择串行校正网络进行雷达系统通道校正,雷达系统发射内场校正时,所有主雷达发射通道按频点依次发射校正点频信号,该信号经校正网络依次送入校正模块中的校正接收通道,该通道分时提取每个发射通道的各频点的幅相信息,送信号处理系统DBF控制板进行运算。

(2)由任务管理分系统给出波束调度命令,在DBF控制板中,通过波束指向加权运算,并将校正后的通道初相值代入,计算出分配各发射通道的相位值,通过光纤控制数字 T/R 组件,经天线辐射至空间形成发射波束。

4.4.2 发射数字波束形成实现原理

4.4.2.1 原理

根据互易原理,接收波束形成的结果同样适用于发射数字波束形成,因此,同样改变 α 和 β ,即可实现发射波束的相位扫描。某雷达发射波束方向图(方位 30°,仰角 15°)如图 4.41 所示,某雷达发射波束仰角覆盖示意图如图 4.42 所示。

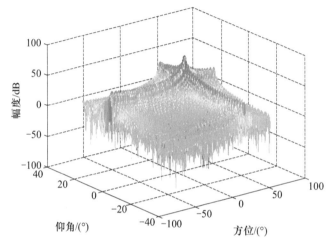

图 4.41　发射波束方向图(方位 30°,仰角 15°)(见彩图)

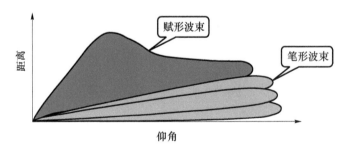

图 4.42　发射波束仰角覆盖示意图

4.4.2.2 数字发射波束形成实现中的关键因素

在发射系统设计中须关注其负载端传输单元驻波与损耗带来的影响,尤其是要评估天线有源驻波的影响。由于天线单元之间互耦作用,当发射波束指向大扫描角时,天线有源驻波会产生较大的变化。如果雷达采用的是收发开关而不是环行器/隔离器,或者环行器/隔离器的隔离度设计得不理想,那么势必会对发射通道的功率放大器产生负载牵引作用,导致其输出信号的幅度和相位随波束指向而发射变化,严重时会对发射波瓣产生较为恶劣的影响,应引起足够的重视。

另外,发射通道之间的相关性也是值得注意的一个方面,即各路发射机之间的幅度和相位一致性(通常指校正之后),为此,雷达设备应配有相应的幅度、相位监测调整设备或手段。每个发射机由于工作参数及特性的差异,会导致其输出信号之间在幅度和相位上的差异和起伏,进而引起各天线单元间存在同样的幅相误差。以下讨论发射机输出信号幅/相不一致的影响。由于各发射机输出信号幅相不一致产生的天线阵面幅/相分布的相关误差会给发射天线波束带来天线波束指向的偏移,以及发射天线主瓣展宽和发射天线副瓣电平的提高。

以一维线阵为例,发射线阵共有 N 个天线单元,由 N 部发射机为其馈电;令 n 为发射通道序号,$n = 1,2,3,\cdots,n - 1$;为简化说明,设发射天线阵为均匀布阵,每部发射机输出信号的幅度与相位误差分别为 Δa_m 与 $\Delta\phi_m$。其中 Δa_m 为幅度归一化后的相对幅度起伏,$\Delta a_m < 1$。

本节旨在说明幅相误差对天线波瓣的影响,为进一步简化计算,设天线单元方向图无方向性,等于1。对于 N 个单元的线阵,当单元幅相误差分别为 Δa_m 与 $\Delta\phi_m$ 时,方向图计算公式应为

$$F(\theta) = \sum_{i=0}^{N-1} (1 + \Delta a_i) e^{j[i(\frac{2\pi}{\lambda}d\sin\theta - \frac{2\pi}{\lambda}d\sin\theta_B) + \Delta\phi_i]} \quad (4.83)$$

为了确认各路发射机引入的幅相误差的最大允许值,在发射系统设计时进行此类计算是必要的。产生发射机通道间幅相误差的因素比较多,概括起来有以下几个方面:

(1)发射机通道间固有起伏,其中幅度误差 Δa_m 由发射机末级功率放大器起伏决定,而初始的相位误差可以通过校正的方式消除绝大部分,剩余部分称为"校正相位剩余",这部分通常决定了雷达工作状态下的发射通道间相位误差 $\Delta\phi_m$。

(2)发射通道中存在馈线(含校正网络、馈线电缆等)幅相误差,该部分的幅相固有误差可以通过测试得到相应误差值,并在波束形成时加以修正,而仪表测试精度误差通常较小,是次要因素。

(3)DDS 移相精度误差,在数字阵列雷达中,发射分系统采用的是数字化发射机体制,每路发射机对应一路 DDS,采用数字直接合成的方式产生雷达所需的射频波形信号,并通过改变 DDS 输出信号初始相位的方式对发射信号进行移相,移相精度相较于传统移相器有了大幅度的提高,可以达到 16bit 的移相精度,这项内容也是次要因素。

(4) 复杂电磁环境下,干扰信号与雷达有用信号相互叠加产生的幅相误差,在米波频段,电磁环境复杂,系统自身或外界电磁干扰较多,容易引起校正信号乃至发射信号的不纯净,引起发射信号通道间幅相误差,而且存在着诸多无法预知或计算的不确定因素,总的来说解决这一问题应该在方案或设计阶段,加强电磁兼容和滤波设计,在实物阶段能采取的措施十分有限,因此在雷达系统工程设计时应该格外引起注意。

4.5 基于数字阵列的有源超低副瓣天线技术

4.5.1 影响天线副瓣性能的因素分析

阵列天线系统的副瓣性能是雷达系统的重要指标,它直接影响雷达的抗干扰与抗杂波等性能。影响阵列天线副瓣性能的因素主要有天线单元的有源匹配状况、阵列天线单元的随机误差等。

相控阵天线由于互耦效应,阵元的有源输入阻抗不同于自由空间,会随扫描角变化。互耦越强,阵列孔径上幅相分布偏离预定的分布越大。这将导致天线与馈电网络失配,孔径效率降低,辐射方向图在某些方向出现凹陷,扫描波束在这些方向呈现盲点。所有天线单元在输入信号下的天线单元驻波称为有源驻波,有源驻波越小,其对天线单元幅度/相位的影响越小,即可以保证天线口径的理论幅度分布,从而保证相控阵天线超低副瓣性能。

阵列天线的随机误差主要体现在阵面安装精度、单元安装精度、数字阵列模块幅度/相位精度、校正精度及天线测试精度等。其影响到阵列天线口径电流的幅度和相位的随机变化,导致天线副瓣提升。

应用概率统计的方法可以导出幅相误差的大小与所能达到某一副瓣电平指标概率的统计关系为

$$P(\mathrm{SL} < \mathrm{SL_P}) = \int_0^{\mathrm{SL_P}} \frac{\mathrm{SL}}{\sigma_R^2} \exp\left(-\frac{\mathrm{SL}^2 + \mathrm{SL_T}^2}{2\sigma_R^2}\right) \cdot I_0\left(\frac{\mathrm{SL} \cdot \mathrm{SL_T}}{\sigma_R^2}\right) \cdot \mathrm{dSL} \quad (4.84)$$

式中:$\mathrm{SL_T}$ 为理论设计的副瓣电平指标;σ_R 为均方副瓣电平;$I_0(z)$ 为第一类变形 0 阶 BESSEL 函数。

由统计理论还可知

$$\sigma_R^2 = \frac{1}{2}\left[\frac{f(\theta,\phi)}{f(\theta_0,\phi_0)}\right]^2 \cdot \frac{\varepsilon^2(\theta,\phi)}{\eta p N} \quad (4.85)$$

式中:$f(\theta,\phi)$ 为天线单元波瓣;N 为天线单元的个数;η 为天线的口径效率;p 为能正常工作的天线单元的比例;$\varepsilon(\theta,\phi)$ 为综合各类随机误差大小的参数。

由上式知,天线单元数越多,即式中的 N 越大,则天线的 σ_R 越小,即天线的容差性能越强。考虑到在工程上为保证系统的性能,常常以要求最严格的指标来进行公差分配。

在式(4.85)中假定天线单元无方向性,且幅相误差的方差与波束扫描角度无关,则

$$\varepsilon^2 \approx 2 \cdot \eta p N \sigma_R^2 \tag{4.86}$$

$$\varepsilon^2 = (1-p) + \sigma_A^2 + p\sigma_P^2 \tag{4.87}$$

式中:p 为能正常工作的天线单元的比例;σ_A 为馈电幅度误差的均方根值;σ_P 为综合的馈电相位误差的均方根值。

可得

$$(1-p) + \sigma_A^2 + p\sigma_P^2 = 2 \cdot \eta p N \sigma_R^2 \tag{4.88}$$

这样在求得 σ_R 的情况下就可根据上式进行各类随机误差分配。

各类随机误差源如表4.2所列。

表4.2 各类随机误差源

单元安装、制造误差	安装误差
	平面度误差
DAM 接收态	幅度误差
	相位误差
DAM 发射态	幅度误差
	相位误差
校正补偿精度	幅度误差
	相位误差
近场测试精度	幅度误差
	相位误差

4.5.2 基于数字阵列的有源天线超低副瓣实现

相控阵天线的有源匹配是有源天线设计的重点。相控阵天线设计中,必须考虑各个扫描角条件下的有源驻波,以确保各个扫描角的天线单元都处于匹配状态。有源匹配的设计大多采用计算、实验相结合的方式。通用的商用软件已可以完成有源驻波匹配的设计,还应建立一套精细的测试设备对有源驻波进行调试及测量。

相控阵天线中许多器件的制造以及组装都有公差,并且随着系统的长期工作会出现老化、热变形和元件更换等影响造成天线各通道呈现出相当大的幅度/相位误差,从而引起相控阵天线增益的下降和旁瓣的升高,因此在工作过程中需

要知道每一个阵元的辐射相位和幅度值,然后对通道幅度/相位误差进行补偿。由此,必须建立一套稳定的校正网络实现通道快速校准,它既不需要近场测试设备,也不需要天线远场测试场地。建立稳定的校正网络对安装在运动载体上相控阵天线或者地面机动相控阵天线的通道持续校准和监测是一种行之有效的方法。

模拟的 T/R 组件移相器、衰减器精度较差,且存在移相器、衰减器的相互影响,主要体现在衰减器在大衰减量状态、移相器在大移相量状态下会产生附加相位和附加幅度,导致幅度/相位精度变差。采用数字阵列,消除了移相器和衰减器之间的相互影响,减小了最小移相量和最小衰减量,提升了幅度/相位精度。

综上所述,良好的阵列天线有源驻波保证天线有源及扫描状态下天线的幅度/相位变化小。基于数字阵列的有源天线具有极高的幅度/相位精度,可以减小天线系统的随机误差。采用稳定的校正网络可以精确地探知数字阵列天线每一个阵元的幅度/相位值。

表4.3 给出典型的数字阵列天线幅度/相位精度,实测的典型波瓣见图4.43。

表4.3 各类误差典型值

误差种类		误差值
单元安装、制造误差	安装误差	0.2mm(0.8°)(RMS)
	平面度误差	0.25mm(1.17°)(RMS)
DAM 接收态	幅度误差	0.3dB(RMS)
	相位误差	0.6°(RMS)
DAM 发射态	幅度误差	1.0dB(RMS)
	相位误差	1°(RMS)
校正补偿精度	幅度误差	0.05dB(RMS)
	相位误差	0.5°(RMS)
近场测试精度	幅度误差	0.2dB(RMS)
	相位误差	1.4°(RMS)

注:RMS—均方根

根据以上误差分配,可以得到总的误差精度:

(1) 接收通道误差精度:幅度0.36dB(RMS);相位2.1°(RMS)。

(2) 发射通道误差精度:幅度1.02dB(RMS);相位2.3°(RMS)。

对于128个单元的天线阵列,采用模拟 T/R 组件的天线副瓣可以实现的最好副瓣约-38dB,而采用数字阵列的天线副瓣可达到-49dB。

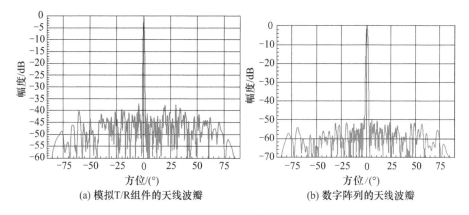

图4.43 实测的典型波瓣

参考文献

［1］张光义,赵玉洁. 相控阵雷达技术［M］. 北京:电子工业出版社,2013.
［2］Petrov V P,Shauerman A K. Adaptive digital antenna array［C］. Novosibirsk,Russia:International Conference and Seminar on Micro/Nanotechnologies and Electron Devices,2009:181－184.
［3］Fulton C,Chappell W. Low－cost panelized digital array radar antennas［C］. Tel－Aviv,Israel:IEEE International Conference on Microwaves,Communications,Antennas and Electronic Systems,2008:1－10.
［4］Liu H,Han J,Yang X,et al. Amplitude and phase calibration of digital array radar using frequency stepped signals［C］. Xi'an,China:IET International Radar Conference,2013:1－5.
［5］Bratchikov A N,Dobychina E M. Digital antenna array calibration［C］. Sevastopol,Crimea,Ukraine:19th International Crimean Conference Microwave and Telecommunication Technology,2009:401－402.
［6］Song H,Gu H,Wang J. Antenna calibration and digital beamforming technique of the digital array radar［C］. Kunming,Yunnan,China:IEEE International Conference on Signal Processing,Communication and Computing (ICSPCC2013),2013:1－5.
［7］Qin S,Ma X,Sheng W. Design and measurement of channel calibration for digital array with orthogonal codes［C］. Shenzhen,China:International Conference on Microwave and Millimeter Wave Technology (ICMMT),2012:1－4.
［8］吴曼青. 收发全数字波束形成相控阵雷达关键技术研究［J］. 系统工程与电子技术,2001,23(4):45－47.
［9］Shen X. Digital array antenna measurement and azimuth accuracy analysis using real target's echoes［C］. Chengdu,China:Proceedings of 2011 IEEE CIE International Conference on Radar,2011:372－375.
［10］吴曼青,靳学明,谭剑美. 相控阵雷达数字T/R组件研究［J］. 现代雷达,2001,23(2).

[11] Medina R H, Knapp E J, Salazar J L, et al. T/R module for CASA Phase – Tilt Radar Antenna Array [C]. Amsterdam, Netherlands: European Microwave Conference, 2012: 1293 – 1296.

[12] Zheng S, Xiang H, Wang B. The integration design of transceiver system of digital array radar based on software – defined radio theory [C]. Chengdu, China: Proceedings of 2011 IEEE CIE International Conference on Radar, 2011: 254 – 256.

[13] Pang L, Zhu B, Chen H, et al. A highly efficient digital down converter in wideband digital radar receiver [C]. Beijing, China: IEEE 11th International Conference on Signal Processing, 2012: 1795 – 1798.

[14] Vallant G, Allen M, Singh S, et al. Direct down conversion architecture performance in compact pulse – Doppler phased array radar receivers [C]. Austin, TX, United states: IEEE 13th Topical Meeting on Silicon Monolithic Integrated Circuits in RF Systems, 2013: 102 – 104.

[15] 张卫清,谭剑美,陈菡. DDS 在数字阵列雷达中的应用 [J]. 雷达科学与技术,2008,6(6):467 – 471.

[16] 吴曼青. 基于 DDS 的收发全 DBF 相控阵技术 [J]. 高技术通信,2000,10(8):42 – 44.

[17] Kahrillas P J. Digital Beamforming for Multiple Independent Transmit Beams: US Patent 4965620 [P]. 1990.

第 5 章 数字阵列雷达信号处理技术

5.1 数字阵列雷达信号处理功能与特点

5.1.1 典型功能与特点

数字阵列雷达的典型特点是大阵面,单元数非常多,每个单元的收发都可独立数字控制,每个单元经射频或中频采样后数字化接收。由于单元数量巨大,数字化后得到海量数据,对传输和计算要求很高。

数字阵列雷达通常是发射单波束,接收同时多波束,同时多波束的数量视具体情况有所不同。接收同时多波束可以是全阵面形成的具有不同指向的波束,或者相同指向而形状不同的波束,如和差波束等,也可以是分块阵面(可交叠)形成的具有相同或不同指向的子阵或子波束[1-3]。

在同一发射波束内,密集接收多波束可以用来补偿波束边缘的增益损失,使得接收波束扫描时基本没有交叠损失。

接收波束形成的灵活性,为各种阵列处理提供了条件,例如用于有源干扰抑制的空域自适应滤波,用于运动平台解决杂波空时耦合的空时自适应处理等。

收发相位的精确补偿与控制,使得数字阵列雷达很容易实现超低副瓣,在机载雷达等应用场合,可以显著提高副瓣杂波区的目标检测能力。

5.1.2 特殊功能与特点

在非固定平台,如机载、球载、舰船载雷达中,波束方向的灵活控制,可以实现波束指向的稳定,在平台转弯或摇晃摆动时,使波束覆盖空域基本保持不变。

利用波束方向可灵活控制的特点,可以设置快速目标起始区域,在该区域内发现疑似目标的点,立即在该方向发验证波束,通过验证波束对疑似目标进行确认,从而实现快速目标起始。

对重点关注目标,可以通过插入跟踪波束来提高目标探测的数据率,特别对高机动目标跟踪波束可以更好地掌握其机动过程,以实现稳定的航迹跟踪。

机载数字阵列雷达的显著特点是提高抗杂波能力和抗干扰能力[4]。抗杂波能力需要一方面提高主杂波附近的低速目标检测能力,另一方面提高副瓣杂波中的目标检测能力;抗干扰能力则主要提高雷达在复杂电磁环境中的生存能力。

5.2 基于数字阵列的同时多波束技术

5.2.1 同时多波束基本理论

当天线单元在较大角度范围内具有相同的响应且大阵面的天线单元之间一致性较好时,也就是单元具有一致的宽波瓣时,阵列对某个方向的响应可以用单元响应与空域导向矢量的加权和得到,阵列单元则可认为是电磁能量的空间采样,和时间采样一样,可以在空域进行窄带滤波,在某个方向上实现相干积累,获得最大接收能量。

同时多波束就是将同一时刻的空域采样数据输入到不同的空域滤波器中,得到不同滤波器的响应,滤波器的形状决定了波瓣形状,加权函数或锥削窗决定了副瓣结构、增益损失及主瓣展宽程度等。

通常数字波束形成是针对窄带条件而言的,阵列单元同时刻采集信号,所有阵元上信号具有相同的复包络,只需考虑相位的变化,而相位只依赖于阵列的几何结构。对于等距线阵,则更简单,只依赖于与阵列轴线的夹角。

如前所述的窄带信号的空域表示为

$$s(t,\boldsymbol{r}) = s(t)\mathrm{e}^{\mathrm{j}\omega(t - \boldsymbol{r}^T\boldsymbol{a})} \tag{5.1}$$

阵列信号接收示意如图 5.1 所示。若以阵元 1 为参考点,则各阵元接收信号可写成为

$$\begin{cases} x_1(t) = s(t)\mathrm{e}^{\mathrm{j}\omega t} \\ x_2(t) = s(t)\mathrm{e}^{\mathrm{j}\omega t}\mathrm{e}^{\mathrm{j}\frac{2\pi}{\lambda}d\sin\theta} \\ \quad\vdots \\ x_N(t) = s(t)\mathrm{e}^{\mathrm{j}\omega t}\mathrm{e}^{\mathrm{j}\frac{2\pi}{\lambda}(N-1)d\sin\theta} \end{cases} \tag{5.2}$$

写成矢量的形式为

$$\boldsymbol{X}(t) = \begin{bmatrix} x_1(t) \\ x_2(t) \\ \vdots \\ x_N(t) \end{bmatrix} = s(t)\mathrm{e}^{\mathrm{j}\omega t}\begin{bmatrix} 1 \\ \mathrm{e}^{\mathrm{j}\frac{2\pi}{\lambda}d\sin\theta} \\ \vdots \\ \mathrm{e}^{\mathrm{j}\frac{2\pi}{\lambda}(N-1)d\sin\theta} \end{bmatrix} = s(t)\boldsymbol{a}(\theta) \tag{5.3}$$

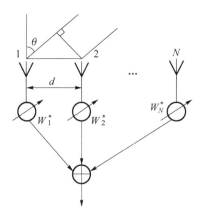

图 5.1 阵列信号接收示意图

式中:$a(\theta)$ 为方向矢量或导向矢量(Steering Vector)。在窄带条件下,只依赖于阵列的几何结构(已知)和波的传播方向(未知)。$a(\theta)$ 是决定波束指向的一组系数,对应了空域滤波器的中心指向。

一般情况:$X(t) = A(\theta)S(t) + N(t)$。

普通波束形成与时域滤波类似,即对空间采样数据进行加权求和:

$$y(t) = W^H X(t) = s(t) W^H a(\theta) \tag{5.4}$$

式中:W^H 为常规波束形成加权系数,目的是对特定方向信号进行聚焦,实现最大能量接收(或发射也类似)。

$P_W(\theta) = W^H a(\theta)$ 称为波束方向图。

当 W 对某个方向 θ_0 的信号同相相加时得 $P_W(\theta_0)$ 的模值最大(天线主瓣)。普通波束形成只依赖于阵列几何结构和波达方向角,而与信号环境无关,且固定不变,对干扰没有特殊的抑制能力。

$X(t)$ 实际上是空域采样信号,波束形成实现了对方向角 θ 的选择,即实现空域滤波。这一点可以对比时域滤波,实现频率选择。

等距线阵情况,设 $d = \lambda/2$。

若要波束形成指向 θ_0,则可取 $W = a(\theta_0)$。

波束形成为

$$P(\theta) = W^H a(\theta) = a(\theta_0)^H a(\theta)$$

$$= \sum_{i=1}^{N} e^{j\frac{2\pi d(i-1)}{\lambda}(\sin\theta - \sin\theta_0)}$$

$$= \frac{1 - e^{j\frac{2\pi dN}{\lambda}(\sin\theta - \sin\theta_0)}}{1 - e^{j\frac{2\pi d}{\lambda}(\sin\theta - \sin\theta_0)}} \tag{5.5}$$

$$|P(\theta)| = \left| \frac{\sin\frac{N(\phi-\phi_0)}{2}}{\sin\frac{(\phi-\phi_0)}{2}} \right| \qquad \phi = \pi\sin\theta, \phi_0 = \pi\sin\theta_0 \qquad (5.6)$$

式中：$|P(\theta)|$为天线功率方向图（图5.2）。

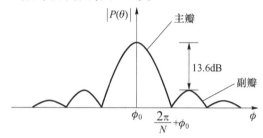

图 5.2 天线方向图示意图

根据天线理论，主瓣宽度正比于天线孔径的倒数。

同时多波束形成，就是用不同的加权系数对相同的一组数据进行多次合成（图5.3）。

$$y_k(t) = \boldsymbol{W}_k^H \boldsymbol{X}(t) = \sum_{n=1}^{N} w_{kn}^* x_n(t) \qquad (5.7)$$

式中：$y_k(t)$为第k个波束形成的输出；W_k为第k个波束形成系数。

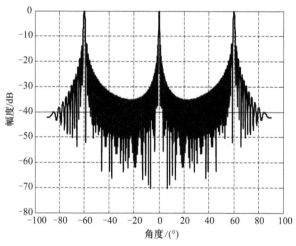

图 5.3 同时多波束示意图

对于一个二维矩形平面阵列（图5.4）而言，波束形成与一维阵列类似。

$$F_1(u) = \sum_{k=0}^{K-1} A_k e^{j(\frac{2\pi}{\lambda} k d_x \sin u + k\alpha)} \qquad (5.8)$$

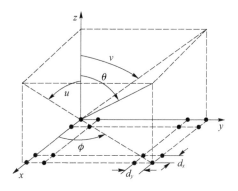

图 5.4 平面阵列示意图

式中:$\alpha = -\dfrac{2\pi}{\lambda}d_x \sin u_0$;$\sin u = \sin\theta\cos\phi$;$\{A_k e^{jk\alpha}\}_{k=0}^{K-1}$ 是复加权系数。

$$F_2(v) = \sum_{l=0}^{L-1} B_l e^{j(\frac{2\pi}{\lambda}ld_y \sin v + l\beta)} \tag{5.9}$$

式中:$\beta = \dfrac{2\pi}{\lambda}d_y \sin v_0$;$\sin v = \sin\theta\sin\phi$;$\{B_l e^{jl\beta}\}_{l=0}^{L-1}$ 是复加权系数。

二维阵因子为

$$F(\theta,\phi) = F_1(u)F_2(v) \tag{5.10}$$

波束方向图为

$$G(\theta,\phi) = f(\theta,\phi)F(\theta,\phi) \tag{5.11}$$

式中:$f(\theta,\phi)$ 为阵列天线单元的辐射方向图(一般可以认为所有单元具有相同的辐射方向图)。

对于实际雷达阵面而言,天线单元之间、接收通道之间,总是存在一定的幅度和相位的不一致性,需要通过校正来保证其高性能,所以,接收波束形成系数,一般不仅仅包含方向约束系数,而且通常将单元之间的校正系数与方向约束系数结合起来,得到最后的波束形成系数。

5.2.2 基于数字阵列的同时多波束实现

数据的重复利用,不同加权系数对应不同约束方向,多波束形成的本质就是大阵面同时采样数据的不同加权和,将相同的数据送到不同的运算单元或者在同一运算单元多次进行运算,即可实现多波束形成。见图 5.5。

大阵面的多级合成,对于一个单元数很多的大型阵列来说,受数据传输能力和运算能力的限制,工程上需要用多级合成来实现同时多波束,即将整个阵面分成若干小块,每个小块先合成,再将各小块合成的结果进一步合成,如图 5.6 所示。

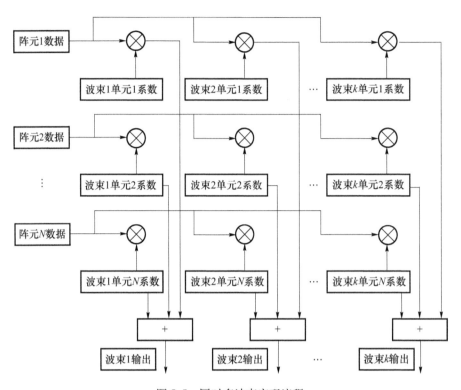

图 5.5　同时多波束实现流程

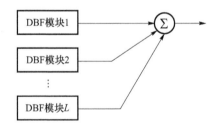

图 5.6　分块波束形成示意图

$$y_k(t) = \sum_{n=1}^{N} w_{kn}^* x_n(t) = \sum_{l=1}^{L} \sum_{m=1}^{M_l} w_{klm}^* x_{lm}(t) \quad (5.12)$$

式中：L 为分块数；M_l 为第 l 块对应单元数，每一块的单元数不一定相等；w_{klm} 为第 k 个波束对应的第 l 分块中第 m 单元的波束形成系数。显然

$$N = \sum_{l=1}^{L} M_l$$

核算波束形成的计算资源要求时，由于波束形成运算主要是乘法和加法运算，一般说来加法运算所耗资源相对较少，主要考虑乘法器的数量，核算时需要根据数据的采样率，乘以单元数，再乘以同时波束数，复数运算再乘以 4，就可以

得到总的运算量要求。总的运算量除以单个芯片的乘法器数量,再除以乘法器的工作时钟频率,可以粗略估计出芯片的数量,当然还要求乘法器的运算位宽满足数据和系数的位宽要求,并且能在单个时钟周期完成一次乘加运算。

大阵面数字多波束形成是集成电路高度发展的产物。早期的数字波束形成用实数乘法器来构建,且只能工作在 10MHz 的时钟频率,对于一个 2000 个单元的阵面 1MHz 采样率,合成一个波束就需要 800 片这样的乘法器,假设一块 6U 的插件可以放下 8 片这样的乘法器,则初级合成就需要 100 块插件,形成 10 个波束就需要 1000 块插件,加上二级、三级合成,显然是不可实现的。集成电路发展到目前的水平,单片 FPGA 里面就可以集成 3000 个以上的乘法器,实际工作频率可以达到 200MHz 以上,2000 个单元的阵面 1MHz 采样率,$3000 \times 200 \div 8000 = 75$,也就是说单个芯片就可以形成 75 个波束。就此而言,大阵面的数字波束形成是集成电路高度发展的产物一点不为过。更大规模的宽带波束形成对现代集成电路发展水平的依赖更是不言而喻的。

5.2.3　基于数字阵列的同时多波束性能分析

数字波束形成的性能很大程度上取决于发射/接收通道的幅相一致性水平,幅相一致性通过校正来保证,在数字阵列雷达(当然不仅限于雷达)中对收发通道的稳定性要求是比较高的,在不同环境条件下通道特性的稳定性是非常重要的,通道之间可以有一定的差异性,这种差异性可以通过校正进行补偿,其前提是要进行准确的测量。

数字阵列雷达的多波束形成由于幅/相补偿精度很高,幅度和相位控制的精度也非常高,计算的数值精度几乎没有什么误差,在稳定性较好的系统中很容易获得较高的波束性能,如超低副瓣、精确指向、低增益损失,同时由于阵面规模较大,对部分单元失效的容忍度大大提高。

大阵列波束形成的高性能,使得和差波束与理想阵列的波束形状相差很小,可以大大改善测高、测角的性能。

数字波束形成由于运算精度很高,其性能主要取决于通道间的幅相误差,相比较而言,相位误差对性能的影响比幅度误差的影响更显著。

详细的理论分析请参阅相关文献。

5.3　基于数字阵列的自适应抗干扰技术

5.3.1　自适应抗干扰原理[5-7]

自适应阵列的核心问题是对期望信号有效接收,对干扰信号尽量抑制,这是通过调整各阵元的权值实现的,各阵元的权值组成阵列权矢量,决定了自适应阵列的方向图,即决定了自适应阵列的性能。阵列信号自适应处理包括两个分支:自适应阵列处理和空间谱估计,都是基于相同的阵列模型,由于其内在联系,二者的发展是互相促进、互相补充的。

自适应天线的概念最早由 Uan Atta 于 1959 年提出之后,发展很快,IEEE AP 曾分三个专刊分别总结了自适应阵列前 30 年的研究成果。1964 年出版了自适应阵列的第一个专刊,总结了自适应阵列的第一个发展阶段——主波束自适应控制阶段的研究情况。这时的自适应阵列还不能说是完整意义上的自适应阵列,因为它只能进行主波束的自适应控制,主要是通过反向和自控制或自聚焦阵列系统实现,这些系统是以锁相环和相位共轭为基础的。1976 年 AP 出版了自适应阵列的第二个专刊,总结了自适应阵列的第二个发展阶段的研究进展,在这一阶段,自适应阵列技术有了重大进展——自适应零陷生成技术,这种关键技术使得自适应阵列能在未知干扰方向形成零陷以抑制干扰,从而能工作于未知的干扰环境。这时的自适应阵列才是真正意义上的自适应阵列,即能够控制主瓣的同时抑制干扰,这是自适应阵列的基础,如今各类繁多的自适应算法都离不开这一基础。AP 关于自适应阵列的第三个专刊在 1986 年出版,主要介绍超分辨空间谱估计技术。由于其对空间信源的分辨能力超过了瑞利限而受到极大关注并得到迅速发展。另外,Mar 在 IEEE Trans. AES 上撰文总结了 1985 年以前自适应阵列的主要参考文献,Van Veen 于 1988 年在 ASSP 上发表了自适应阵列的综述性文章,系统地陈述了自适应阵列技术的进展情况及各种主要技术,是了解自适应阵列技术发展历程的经典文献。

1974 年 I. S. Reed 提出了经典的 SMI 方法,SMI 方法的自适应权矢量使输出功率最小及期望信号方向增益最大,从而在干扰方向形成零陷,达到抑制干扰的目的。Van Veen 提出了基于线性约束的部分自适应系统并做了改进,Ma 和 Griffith 提出了解空间部分自适应方法。在期望信号存在于采样信号中时 SMI 方法的输出信干噪比(SINR)会降低,而且 SMI 方法会造成高副瓣。廖桂生等分析了副瓣升高机理,副瓣电平升高的原因是因为采样矩阵特征值的分散,小特征值及其对应的特征矢量扰动,这种扰动参与自适应权的计算导致高副瓣。通过多个线性约束方法可以控制副瓣电平,这种方法的缺点是附加的约束会用来对付干扰的自由度降低,并且由于使用线性或非线性优化算法,导致收敛速度变慢及运算量增加;也可以用迭代方法使副瓣达到期望值。通常解决副瓣升高有两种途径:一是对角加载类方法;二是特征分解类方法。B. D. Carlson 讨论了输出信干噪比及副瓣期望值与采样数的关系,认为对角加载相当于从所有可能的方向添加小的干扰,这样造成系统对弱干扰不敏感,并比较了加载量与特征值分布、副瓣电平及降低增益之间的关系,并给出了信干噪比因子的表达式。对角加载通过人为注入噪声来加速算法收敛,并具有自适应波束保形及对误差敏感度下降的作用。该方法的缺陷是会使自适应方向图零点变浅,输出信干噪比下降,且加载量也难以确定,2003年Vorobyov解决了对角加载量的求解问题,但运算量很大,也没有给出加载量的解析表达式。Shahram Shahbazpanahi 也给出一种新的对角加载方法。算法与并行处理结构相结合是近年来算法发展的一个特点,可以说并行结构研究促进了数据域算法的不断发展。典型的数据域算法有Gram-Schmidt正交化算法和依据Givens旋转变换的QR分解方法,在阵列信号处理中,往往存在有相干干扰信号,如多径反射、智能干扰等,在这种情况下,常规自适应波束形成器会引起期望信号对消,波束形成的性能急剧下降,因此存在相干干扰时的自适应波束形成技术引起了人们越来越多的注意。Bresler提出了先利用迭代平方最大似然(IQML)算法来求出干扰信号的子空间,然后再对阵列接收数据进行处理,根据提出的三种准则,分别提出了三种波束形成方法,但缺点是只适用于等距线阵。在假设事先估计得到相干干扰方向的前提下,人们又提出了几种存在相干干扰时的自适应波束形成方法基于特征分解(特征空间)(ESB)类方法,也是ADBF算法的一个重要研究方向,ESB算法可以解决期望信号相消及有限采样带来的误差问题,提高算法的收敛速度和稳健性。其基本思想是最优权由信号子空间分量和噪声子空间分量组成,只保留在信号子空间的分量。罗永健用改进的正交投影方法,通过酉变换把复值协方差矩阵转化为实值矩阵,减小了计算量,由于采用了空间平滑,所以对相关、相干干扰等情况也有较好的效果。有文献进一步提出构造门限方法,用信号导向矢量取代弱信号对应的特征矢量,舍弃因有限快拍数引起的偏离信号空间的特征矢量,性能得到提高。有文献讨论了有相干干扰时的最优波束形成,利用估计得到的期望信号和相干信号的方向形成变换矩阵,去掉数据中的期望信号和相干干扰成分,用期望信号和相干干扰的合成导向矢量在不相关干扰信号的正交子空间投影,得到权值。引人注意的是这种方法可以用于任意的阵列结构。赵永波提出了改进的ESB算法,该算法利用对阵列接收信号相关矩阵特征分解获得的信号子空间,对基于特征空间算法中的约束导向矢量进行校正,并完成波束形成,性能要优于常规ESB算法的性能。

在理想条件下,自适应天线技术可以有效地抑制干扰而保留期望信号,从而使阵列的输出信干噪比达到最大。但是,实际系统中常常存在各种误差,包括约束导向矢量的指向误差和各种系统误差,如阵元幅相误差、阵元位置误差、信号波前畸变等,它们都会使自适应天线的性能大大下降。各种稳健的ADBF方法相继提出,很多是基于拟合的思想来找出与真实信号子空间最相近的子空间,Vorobyov和Petre Stoica在导向矢量存在误差时,加入不等式约束,根据最小均方误差(MMSE)准则求出最优权,且Vorobyov得到的最优权形式和对角加载类似,实际上也是对角加载方法的一种。

在窄带自适应阵列中,常规的自适应波束形成方法在干扰方向形成的零陷较窄,这在很多应用环境中将不能有效地抑制干扰。在实际应用中,由于各种原因造成失配,使干扰很可能移出零陷位置而不能被有效地对消,严重情况下,常规方法可能完全失效。一种有效的解决方法是干扰零陷加宽,使得在干扰方向即使出现扰动的情况也始终处于零陷内,从而抑制掉干扰。Gershman 提出了在干扰方向施加导数约束来加宽干扰零陷的方法,但是导数约束导致该方法运算量明显加大,另外对零陷宽度的控制也不灵活。Mailloux 和 Zatman 分别独立地提出一种零陷加宽的解决方法,这两种方法本质上是一样的,并且后者方法不改变协方差矩阵中噪声项的贡献,性能要略好于 Mailloux 方法。也可以用多点约束方法,把一个小区域电平控制得很低,同样提高了抗干扰的稳健性。

不管是传统的常规波束形成器,还是 Capon 的最小方差无失真响应(MVDR)波束形成器,它们在波束形成时,都需要预先知道阵列对期望信号的方向矢量这一先验信息,才能进一步构造波束形成器的加权矢量,从而完成波束形成的任务。但是在实际应用场合,这些先验信息往往不很精确,很小的阵列流形误差也将导致阵列处理性能严重恶化,这也是理论上高性能的阵列信号处理方法尚未获得广泛实际应用的主要原因之一。与此同时,为了克服自适应算法在应用上的不足,对阵列误差鲁棒问题的研究也受到极大的关注。但由于对阵列校正必须频繁进行,每次都要存储阵列流形信息,此外还要校正信号源,并且校正算法带来的很小的误差都会使系统性能大大下降,所以离实际应用也相差甚远。

实际的阵列天线系统,除了系统误差外,另一个需要关注的问题是各通道的频带不一致性,这种频带不一致性会严重降低自适应阵列的性能。一种解决的方法是在通道后加抽头延迟线进行补偿,这种空时自适应通道补偿方法有干扰抑制和通道补偿同时进行的优点,并且不需要校正源,另外它对天线互耦和可能存在的多径效应具有很好的补偿作用。Fante 研究了自适应阵的自均衡能力,他的研究结果表明,2 个阵元都包含相等数量的时间延迟单元时,实现自均衡所需要的时间延迟单元数为 $2N+3$。其中,N 是整个通带内的幅相起伏数。这就暴露出该方法的严重缺点:当通带内的波纹失配数较多时,所需的抽头延迟线数大大增加,随之而来计算量也大大增加,实时实现极为困难。后来又相继出现了带宽分割法,可克服这些缺点,带宽分割类算法在性能损失有限的前提下,大大降低了运算量,在工程上有很大的实用价值。

前面讨论的方法都是针对窄带阵列信号处理,实际中宽带干扰也很普遍,1972 年 Frost 提出了宽带数学模型,宽带信号的抗干扰问题近年来有很多文献研究。而对宽带信号的处理,与窄带信号相比,存在很多不同。Raz 提出在不同准则下,宽带波束形成的最优权是不同的,而理想情况下,几种准则对于窄带信号是等价的。对宽带信号的处理主要有两种方法,FFT方法和加抽头延迟线的方法。1988年Campton证明了等价的条件下,使用FFT方法处理与采用时间延迟线方法在处理效果上等价,在阵元自身加入FFT处理,并不会带来性能上的提高,只会增加计算量。

通常所指的自适应阵列都是指满秩自适应阵,满秩自适应阵运用所有可用的自由度来抑制干扰和噪声,计算量较大且收敛速度较慢。部分自适应阵只利用其中的部分自由度抑制干扰,可降低计算量及加快收敛速度。部分自适应阵最早是为降低自适应阵列处理的计算量而提出来的,早期的部分自适应阵采用波束空间变换技术,是最早出现的降秩自适应算法,后来又出现了统计最优变换部分自适应阵。部分自适应阵只利用部分自适应自由度,其余的被舍弃或用于约束自由度,例如增加特征矢量约束。部分自适应阵列处理在降秩子空间内寻优,由于自适应处理的维数降低,减小了计算量,收敛速度加快。由于自适应阵列载体的快速运动和干扰环境的快速变化,有时可利用的快拍数有限,而部分自适应阵首先对阵列数据进行降秩变换,再进行波束形成,可提高小快拍时的系统性能。根据降秩变换的不同,部分自适应阵可分为两大类:一类是波束空间变换部分自适应阵,另一类是统计最优降秩变换部分自适应阵。波束空间变换是采用确知变换的技术,而统计最优降秩变换利用阵列数据构造降秩变换矩阵,具有更大的灵活性,近年来得到了蓬勃发展。基于统计最优降秩自适应阵主要包括特征干扰相消器、直接主分量法、正交投影法、广义旁瓣相消(GSC)框架下的主分量法及交叉谱法、降秩多级维纳滤波器及降秩共轭法等。

近年来,利用信号自身特性(如高阶统计量、循环平稳性、常模特性)来克服阵列模型误差的盲阵列信号处理方法以其较大的适应性逐渐受到人们的重视。所谓"盲",就是指在没有阵列流形、波达方向等先验信息的前提下,就可实现各种信号处理的任务,人们希望同时利用时域和空域信息来改善空域阵列自适应处理的性能。盲信号处理算法通常对阵列模型误差有很强的稳健性。

盲处理算法只利用基阵的采样数据和信号、阵列的一些已知特性来构造加权矢量,从而捕获、恢复出期望信号,完成波束形成的任务。早在1986年,Goocii和Lundel利用调频、调相信号幅度恒定的特性,推导出一种不需要信号导向矢量的自适应波束形成算法,这可视为最早的盲波束形成算法。到90年代中期,盲波束形成算法因其良好的性能、广泛的应用前景引起许多学者的关注,相继提出了几类不同的算法,盲阵列信号处理方法已成为阵列信号处理领域中热门的前沿课题。到目前为止,根据算法中利用信息的不同,盲波束形成算法可以分为随机性盲波束形成算法、确定性盲波束形成算法两类。

随机性盲波束形成算法利用随机信号的统计特性,又可分为基于信号循环平稳特性的盲波束形成算法和基于高阶累积量的盲波束形成算法。因为绝大多数通信信号是周期平稳的,而且很容易找出它们之间不同的周期频率,所以基于信号 B. Agee 等人提出的 SCORE 算法,Dogan 和 Mendel 提出了基于累积量的盲最优波束形成,该算法利用高阶累积量可消除加性高斯噪声这一特性,在不需知道任何先验知识的情况下,可对阵列流形进行有效的估计,进而实现最优的盲波束形成,但该方法只适用于单个信号源情况。人工神经网络也被应用到盲适应波束形成当中,这些方法往往在特定情况下性能非常好。

综上所述,对自适应阵列处理的研究已经取得了丰硕的研究成果,但该领域的研究并不完善,在其最终的实际应用中仍有诸多难题尚待我们进一步的深入研究和解决。

良好的自适应波束形成算法通常需要很大的运算量以及复杂的结构,目前的硬件性能尚难以达到这样的指标。因此,寻求用较少的运算和简洁的结构实现自适应波束,始终是科技人员努力的目标之一。此外,实现算法中具体参数(初始权值、收敛门限、步长等)的优化也对算法最终结果起着至关重要的作用。从可实现的角度来说,智能天线的自适应算法的研究可能趋于根据业务和信道环境的不同,确定不同的自适应算法实现结构以及参数的选取准则。

对于大型数字阵列的自适应处理来说,需要采用降维处理的方法来减少运算量和减轻数据传输压力,同时需要减少幅相误差带来的性能损失,如果能预先估计出干扰的方向并通过形成干扰波束指向干扰方向,再与指向期望信号方向的主波束进行自适应干扰对消,则能很好地解决上述问题,这就是自适应-自适应(Adaptive-Adaptive)处理方法,简称 AA 法,该方法对消干扰的基本思想是基于用干扰波束的主瓣来对消主波束的副瓣,因此自适应性能稳健。

假定阵元为 M 元等距线阵,间距为 d 且各向同性,J 个干扰源从远场以平面波入射到阵面上,干扰方向为 $\theta_j(j=1,2,\cdots,J)$,各接收通道噪声为高斯白噪声。

自适应干扰对消原理如图 5.7 所示。阵列接收到的快拍数据可以表示为

$$X(t) = \sum_{j=1}^{J} a(\theta_j) s_j(t) + N(t) \tag{5.13}$$

式中:$a(\theta_j)(j=1,2,\cdots,J)$ 为干扰信号的导向矢量,$a(\theta_j) = [1, \mathrm{e}^{-\mathrm{j}2\pi d\sin(\theta_j)/\lambda}, \cdots, \mathrm{e}^{-\mathrm{j}2\pi(M-1)d\sin(\theta_j)/\lambda}]^\mathrm{T}$;$N(t) = [n_1(t), n_2(t), \cdots, n_M(t)]^\mathrm{T}$ 为噪声矢量;$s_j(t)$ 为第 j 个干扰信号复包络。

主波束的输出为

$$y_\mathrm{M}(t) = a^\mathrm{H}(\theta_\mathrm{B}) X(t) \tag{5.14}$$

式中:$a(\theta_\mathrm{B}) = [1, \mathrm{e}^{-\mathrm{j}2\pi d\sin(\theta_\mathrm{B})/\lambda}, \cdots, \mathrm{e}^{-\mathrm{j}2\pi(M-1)d\sin(\theta_\mathrm{B})/\lambda}]^\mathrm{T}$,$\theta_\mathrm{B}$ 为主波束的方向。

干扰波束 j 的输出为

$$y_j(t) = a^\mathrm{H}(\theta_j) X(t) \tag{5.15}$$

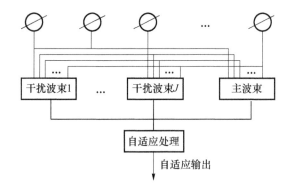

图 5.7 自适应干扰对消的基本原理

自适应处理按照下式处理：

$$W_{opt} = \mu R_{AA}^{-1} a_{AA}(\theta_B) \tag{5.16}$$

式中：$a_{AA}(\theta_B)$、R_{AA} 按照下式计算：

$$T = [a(\theta_1), a(\theta_2), \cdots, a(\theta_J), a(\theta_B)] \tag{5.17}$$

$$Y(t) = T^H X(t) = [y_1(t), y_2(t), \cdots, y_J(t), y_B(t)] \tag{5.18}$$

$$R_{AA} = E[Y(t) Y^H(t)] \tag{5.19}$$

$$a_{AA}(\theta_B) = T^H a(\theta_B) \tag{5.20}$$

自适应波束形成的输出为

$$G = W_{opt}^H Y(t) = W_{opt}^H T^H X(t) \tag{5.21}$$

相关矩阵的维数为 $J+1$。由于空间干扰数是有限的，对于大型数字阵列雷达来说，相关矩阵的维数远小于阵元数，运算量大幅降低。

基于 AA 法的自适应干扰对消技术的基本流程分为 3 个步骤：①干扰信号搜索定位；②自适应干扰波束形成；③自适应干扰对消。

干扰信号搜索定位过程是指雷达在某时间段处于发射静默，通过接收 DBF 形成覆盖全空域接收波束，设置门限，依次判断各输出通道，当某方位俯仰方向接收通道幅度大于设定的门限值时，则认为该方位存在干扰源，用此方法统计出各干扰源的空间位置和干扰源总个数。

5.3.2 基于数字阵列的自适应抗干扰实现

由于现在的数字阵列规模都比较大，所包含的单元数很多，全自适应处理在工程上存在很多问题，包括计算量很大，独立样本数要求很多，还有计算的数值精度难以保证等，而且从实际需求来说是没有必要的，在对付有限几个干扰的时候，不需要那么复杂的算法。通常用部分自适应方法来解决工程实际问题，包括子阵自适应、波束域自适应。这里根据数字阵列的特点，主要介绍 AA 法波束域自适应。

Gabriel(IEEE,AP-34,No.3,P291~300)1986年提出了自适应-自适应方法(简称AA法),是一种基于预知方向的波束域自适应方法,其核心思想是在干扰方向形成辅助波束,再利用辅助波束和主波束之间的相关性实现干扰的良好对消,其优点是可以较好地保持主波束的低副瓣静态方向图。

干扰方向搜索,由于主波束的低副瓣特性,可以认为弱干扰从副瓣入射时,对主波束不构成干扰,因而在暂停发射功率后,等待一定时间避免回波的影响,开始采集空间单元接收数据,在采集的数据中进行搜索,先进行一维搜索,用一行(或一列)搜索干扰所在的水平方向(或俯仰)方向,再根据一维搜索的结果,经过门限判决后,在有干扰的方向再进行全阵面的窄波束俯仰维(或水平维)搜索,得到干扰的二维角度。

根据干扰搜索的结果,在干扰所在的方向形成干扰辅助波束。基于数字阵列的自适应抗干扰处理流程如图5.8所示。

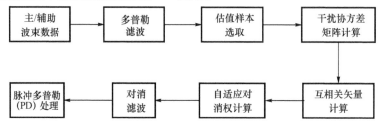

图 5.8 基于数字阵列的自适应抗干扰处理流程图

AA法干扰对消实际上是广义副瓣对消方法的推广应用,将指向干扰的波束作为干扰辅助通道,用于目标检测的和波束或者差波束作为主通道。进一步地,可以将空时处理的各通道作为主通道独立进行干扰对消,然后再进行空时处理。

已知2个干扰及其方向,选取2个指向干扰方向的波束为

$$y_0(t) = W_0^H x(t) \quad (主波束) \quad (5.22)$$

$$y_1(t) = W_1^H x(t) \quad (干扰波束1) \quad (5.23)$$

$$y_2(t) = W_2^H x(t) \quad (干扰波束2) \quad (5.24)$$

最优准则:$e(t) = y(t) - [a_1 y_1(t) + a_2 y_2(t)], \min_{a_1,a_2} E[|e(t)|^2]$。

根据这个最优准则可求得使得均方误差最小的最优权值a_1、a_2。具体求解方法为

$$W_{opt} = \hat{R}_J^{-1} r_{SJ} \quad (5.25)$$

式中:$\hat{R}_J^{-1}$为干扰波束的估计协方差矩阵的逆;r_{SJ}为主波束与干扰波束之间的互相关矢量;W_{opt}为最优权矢量。

运算量与主波束的数量、干扰个数直接相关,当干扰个数较多时,计算协方差矩阵、互相关矢量和求逆矩阵都有较大的运算量,然后是每个主波束的逐单元滤波也有不小的计算量,随着数字信号处理器(DSP)的性能发展到今天,支持这样的自适应算法计算能力上基本没有大的问题。

假定天线阵面为矩形阵,大小为 20 行 64 列,各阵元按半波长等间距排列,干扰源个数为 2 个,从目标信号的水平副瓣进入,干扰类型为窄带压制干扰,各接收通道的噪声为高斯白噪声对比基于 AA 法的干扰对消方法和基于辅助天线的干扰对消方法。

实验:实验条件如表 5.1 所列。目标信号不参与训练样本估计,目标距离 $R=50$,信噪比 SNR $=45$dB。干扰对消前数据如图 5.9 所示。基于 AA 法和辅助天线法的干扰对消结果如图 5.10、图 5.11 所示。两种方法的效果对比如图 5.12、图 5.13 所示。

表 5.1 实验条件

目标距离单元	$R=50$	干扰源 1 角度/(°)	(−30,0)
目标角度(水平/俯仰)/(°)	(45/0)	干扰源 2 角度/(°)	(10,0)
目标信噪比/dB	SNR $=50$	干扰通道个数/个	JAM_N $=2$
干扰训练样本选择	20～40	辅助天线个数/个	$L=3$

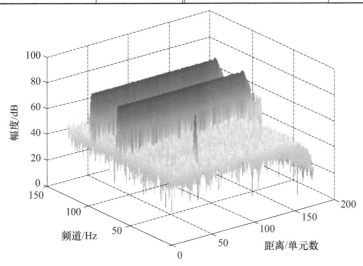

图 5.9 主波束频谱干扰从副瓣进入(见彩图)

结论:AA 法干扰波束指向干扰源,干扰波束拥有最强的干扰分量,在保证零点产生的前提下,自适应权能够控制住副瓣电平,而辅助天线法副瓣电平会抬高。

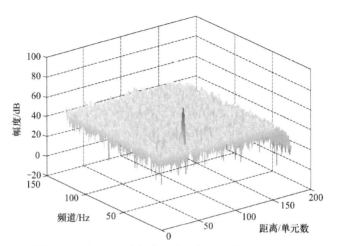

图 5.10　基于 AA 法的自适应干扰对消结果（见彩图）

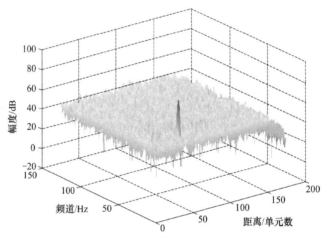

图 5.11　基于辅助天线的自适应干扰对消结果（见彩图）

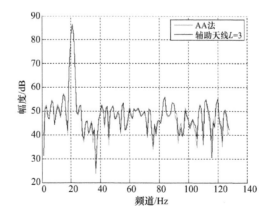

图 5.12　两种方法对消效果性能对比（见彩图）

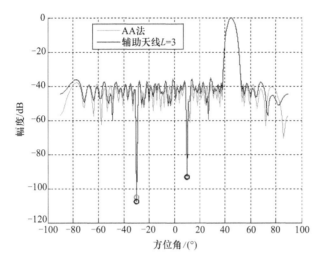

图 5.13　两种方法的自适应方向图对比(见彩图)

5.3.3　基于数字阵列的自适应抗干扰性能分析

自适应干扰对消的性能,很大程度上取决于干扰本身的特征,如干扰的强度、干扰的谱特性以及时间平稳性等。单纯从对消比来说,可能对连续的强点频干扰对消效果更明显,对消的剩余比弱噪声干扰时更小。

数字阵列雷达的波束是电扫描,相较于机械扫描的雷达而言,没有天线的扫描调制影响,对消性能也有明显的提高。

干扰协方差矩阵的估值精度直接影响到对消性能,而估值样本的选取及样本的数量又直接影响估值精度,通常在多普勒域来选取干扰协方差矩阵的估值样本;在去除杂波支撑区间后的距离多普勒二维图上,选取相同距离相同多普勒通道的输出构造样本矢量,再对所有距离所有多普勒通道进行统计。互相关矢量的计算遵循同样的原则。

AA 法对消的性能还与干扰波束的指向精度密切相关,对机载雷达而言,载机的运动或者干扰机的运动都会引起指向偏差,所以干扰搜索的时间间隔也是很重要的,搜索的频度大了会耽误工作时间,频度小了则会使指向误差增大。

5.4　基于数字阵列的空时自适应处理技术

5.4.1　空时自适应处理的发展

1973 年,Brennan 等[8]在高斯噪声加确知有用信号(即目标的多普勒频率与空间角已知)模型,根据最大似然比理论推导出了利用空时二维取样进行雷达信号自适应最佳处理器的结构(最优处理器),并于1976年,首先把最优处理器应用到机载雷达中,但由于最优处理器设备量和计算量巨大,工程实现存在困难,因此从空时自适应处理技术诞生之日开始,人们就不断地寻求能实时实现的准最优处理器[9-10]。

Klemm博士在Brennan工作的基础上,对处理器结构与算法进行了改进。Klemm博士通过对杂波特性的研究发现杂波相关矩阵的大特征值个数不大于 $N+K-1$(其中N为线阵的单元数,K为时域脉冲数),进而提出了著名的辅助通道法,这是一种降维处理方法,其运算量降为 $O[(N+K)^3]$,朝实用的方向迈进了一大步。尽管如此其运算量仍然偏大。辅助通道接收机(ACR)法属于局域空时二维"波束"(空域波束与多普勒)联合处理,是阵列信号处理理论一维波束空间部分自适应处理的推广。部分自适应处理对误差非常敏感,而实际系统又不可避免地存在大量的幅相误差,因此ACR方法的实际使用受到了局限。1994年,H. Wang等提出了局域联合处理(JDL)的思路,并说明了局域联合处理比一维级联处理性能优越,这种方法也属于二维"波束"域处理的范畴。但局域联合处理同样受到系统随机误差的较大影响,使用较多的波束(扩展局域)可使误差影响减小,但增加过多的辅助波束将使处理变得十分复杂[11-14]。

在国内,西安电子科技大学雷达信号处理重点实验室保铮教授领导的研究小组对空时自适应处理进行了研究,1991年,研究小组提出了一种先时后空自适应级联处理,即时空自适应(TSA)滤波法或二维Capon法,其基本思想是先用深加权的时域滤波器预处理,在时域先抑制大量的杂波,剩余的杂波由后续的空域自适应来完成。这种方法在副瓣杂波区性能是准最佳的,与常规级联方法相比有明显的提高,且实现复杂度降低很多,但在主杂波区改善并不明显,不过如果在主杂波区附近对3路或3路以上多普勒做多通道联合处理,则性能可得到明显改善。研究表明,M-CAP方法不仅适用于正侧面阵,也适用于斜侧面阵,而且具有良好的容差能力,因而整体性能有较大提高。

随着研究的逐渐深入,STAP在国际上逐渐成为热门的研究领域[15-17],国内外关于STAP方面的文章也逐步增多[18-33]。Baril等分析了一些实际因素对STAP的影响;Richardson研究了DPCA和STAP之间的关系;R. Dipietro研究了利用相邻几个多普勒滤波器数据进行自适应处理的算法;Farina等对STAP处理器算法与实现结构进行了研究;刘青光等对短时滑窗STAP做了性能分析;W. Hong等提出了简单的$\Sigma\Delta$-STAP算法,该算法用天线的和波束做主波束,用差波束做辅助波束,对于改进传统的雷达具有较大的潜力。王永良博士后对前人工作进行了系统的总结,提出了STAP的统一理论和实现模型(框架),并进一步给出了基于降维变换的空时自适应权值计算的统一数学表达式,将STAP

根据处理域的不同划分为四大类,即阵元-脉冲域处理系统、波束-脉冲域处理系统、阵元-多普勒域处理系统和波束-多普勒域处理系统,使 STAP 的理论更加系统、完善。

除了正侧面安装的(等效)线阵外,人们还针对斜侧面、非矩形阵情况进行了研究。Klemm 比较了正侧面阵和前向阵杂波谱的特点,指出了前向阵处理的实际困难,他还针对圆形阵分析了空域子阵结构对 STAP 性能的影响;Richardson 和 Hayward 讨论了前向阵的 STAP,提出了在主杂波区利用近似的线性关系进行 DPCA 处理;王永良博士后根据非正侧面阵杂波的特点,提出了空时频三维联合处理的 STAP 方法,该方法结合空时自适应处理对多重频进行了优化选择与设计;王永良博士后还提出了一种具有较强误差鲁棒性,适于非均匀杂波环境且可用于非正侧面阵的广义相邻多波束法。

从 20 世纪 90 年代开始,人们已不满足仅仅从理论模型上研究空时自适应信号处理,实测数据下的空时自适应技术性能受到越来越多的重视。美国根据空时自适应技术发展的实际需要相继实施了 Mountain Top 和 MCARM 计划,录取了大量机载雷达数据。这两项基础性的工程对机载雷达信号处理的研究具有重要意义。其中,90 年代美国空军与 Advanced Research Projects Agency(ARPA)签署协议,由 ARPA 出面牵头实施了 Mountain Top 计划以研究下一代机载雷达所需的先进信号处理及其他相关技术。1993 年前后在新墨西哥州的白沙试验区(White Sands Missile Range)及夏威夷的太平洋试验区(Pacific Missile Range Facility)的几个山峰的顶部采集了一批数据。Mountain Top 计划中发射天线和接收天线是分开的。为仿效从飞行平台上发射波束,专门设计了逆相位中心偏置天线(IDPCA)用于发射。IDPCA 是由 16 个子阵构成的等效线阵,线阵轴线与水平面平行,发射频率为 450MHz。工作时每个子阵沿阵轴线方向交替发射,如此得到的回波就近似等价于从运动平台上接收到的回波。Mountain Top 计划中信号的接收由另一部名为 RSTER 的雷达负责。RSTER 的天线宽 5m,高 10m,是由 14 个等效阵元组成的线阵。而 MCABM 计划是 1996 年五、六月份,由 Rome 实验室及 Northrop Grumman 公司牵头,多所大学及实验室参与实施的。Rome 实验室将 L 波段实验雷达安装在 Northrop Grumman 公司的 BAC-111 飞机上,雷达天线有 16 列 8 行共 128 个单元,正侧面安装在位于飞机前部左侧的雷达罩内。该雷达共有 24 路接收机,其中 2 路分别接收和波束与方位差波束信号,另 22 路用来接收 22 个子阵的信号。该雷达的子阵形成方式有好几种。在陆地、海面、城区、交通干线、陆海交界等典型地物上空均进行了试验,并且还设置了多个干扰场景。在 MCARM 计划中所录取的数据基本反映了机载雷达工作的真实杂波环境,对于机载雷达信号处理的研究具有很大价值,但试验数据一直处于保密状态。

在实测数据的支撑下,STAP 技术得到了进一步推进,主要集中在 3 个方面:

(1) 通过对实测杂波数据的研究表明,实际环境中存在着大量杂波非均匀因素,因此适用于实际环境的杂波非均匀 STAP 处理技术受到了重视[34,35]。例如:W. L. Melvin、M. C. Wicks 和 P. Chen 研究了杂波非均匀性检测器(NHD)方案、参量型杂波模型等,还专门申请了 NHD 方面的专利(USA 专利号:No. 694577)。得出的主要结论是:实际杂波在距离门与距离门之间是非均匀的,即具有独立同分布特性的辅助样本非常有限,而预先选择一些相对均匀的样本可以改善对杂噪协方差矩阵的估计,从而提高处理性能。

(2) 用实测数据对原有 STAP 算法进行验证、评估和改进,具有代表性工作有两项[36-40]。①与 MCARM 计划相配合,Rome 实验室利用嵌入式高性能计算机(HPC)对 16 通道的数据成功地进行了实时 STAP 的演示工作,文献对此做了较详细的描述。由于 HPC 的灵活性比较大,研究人员在试验中能够方便地改变算法和参数。这是公开报道的较为完整的基于 STAP 的实时处理系统。②Westhouse Electric Corporation 在文献中描述了多通道机载雷达试验测量 MCARM 的系统构成、主要技术参数、试飞航路以及对录取数据进行 STAP 处理的结果。结果表明,与常规波束形成相比 STAP 处理器有 15dB 的改善,并且还能减弱飞机机身对杂波抑制效果的影响,他们在 1996 年预计,再过 5~10 年,STAP 的实现成本会降低一个数量级。

(3) 继续从理论上探讨各种降维处理方法,并用实测数据进行综合评估。其中,张良博士根据已有降维 STAP 方法的特点将降维处理分为两类:固定结构降维处理和自适应降维处理。固定结构降维即降维矩阵与数据的特征结构无关,例如前面介绍的 ACR、JDL、GMB 等。自适应降维即降维矩阵与数据的特征结构有关,例如特征相消器(Eigencanceler)、互谱(降维)法(CSM)、多级维纳滤波器等。

有了实测数据后研究方向已转到工程实现上。虽然这项技术在理论上已渐趋成熟,但有许多实际问题需要进一步研究,例如:适用于真实杂波环境(非均匀杂波环境)的 STAP 处理技术、STAP 技术在其他体制雷达上的运用、STAP 的实时信号处理器结构和并行算法、新型的 STAP 处理器等。总之,STAP 能有效地改善机载相控阵雷达检测目标的性能,这一技术已经引起了雷达开发商和学术界的高度重视。

目前国内外对空时二维自适应信号处理的基础理论研究已经比较深入和全面了。但是任何的理论研究成果只有成功地应用到了工程实际上才会真正实现它的价值。因此这几年对 STAP 技术的研究热点逐渐转向了如何将 STAP 理论与工程实现相结合,STAP 技术在工程上的实现还需要进一步的努力。

空时二维自适应信号处理技术从提出到现在已经有 30 多年了,经过不断地研究后虽然已经取得很大进步但是仍然存在很多的疑难问题没有很好解决。STAP 目前面临的主要问题有以下 4 个方面。第一,最优处理与运算量的问题,STAP 需要比较多的自由度来抑制杂波,然而处理维数过多会使运算量大大增加,不能满足实时处理的要求,而降维处理降低了运算量,却又达不到最优处理的效果,只能做到准最优处理。第二,通道与阵元误差的影响,由于外界环境、系统因素和天线工艺等因素,通道和阵元很难做到很好的一致性。这些误差会使杂波的自由度增加,从而使抑制杂波更加困难。第三,由于载机的运动使杂波谱严重展宽,尤其是当天线阵面为非正侧面阵时杂波具有很强的距离非平稳性,距离模糊后的近程杂波很难抑制。第四,非均匀环境和孤立干扰的影响尤为严重。构建协方差矩阵时,要求有足够多的独立同分布(i.i.d)的样本,而邻近单元的选择很难满足独立同分布的条件,获得足够多的训练样本有一定的困难。孤立干扰的存在会使估计杂波协方差矩阵的样本受到污染,而且抑制干扰将会需要更多的自由度来形成多个凹口,这会给 STAP 处理带来众多的不稳定因素。

5.4.2 空时自适应处理原理

STAP 实质是将一维空域滤波技术推广到时间与空间二维域中,在高斯杂波背景加确知信号的模型下,根据似然比检测理论导出了一种空时二维联合自适应处理结构,即"最优处理器"。假设雷达等效通道数为 N,脉冲数为 K,针对距离门 l, $x(n,k)$ $(n=1,2,\cdots,N, k=1,2,\cdots,K)$ 表示第 n 个等效阵元第 k 个脉冲时刻的采样数据,因此 N 个等效阵元在 K 个脉冲内的所有采样数据可用 $NK \times 1$ 维的矢量表示为

$$X = [X_s^T(1), X_s^T(2), \cdots, X_s^T(K)]^T \tag{5.26}$$

式中: $X_s(k) = [x(1,k), x(2,k), \cdots, x(N,k)]^T$ $(k=1,2,\cdots,K)$ 为 N 个等效阵元在第 k 个脉冲时刻的采样数据。

式(5.26)中,X 为空时二维数据排成的列矢量,在 H_0、H_1 二元假设下,X 可表示为(其中: H_0 表示只有杂波与噪声,不含目标; H_1 表示既有杂波与噪声,又有目标)

$$X = \begin{cases} bS + C + n & H_1 \text{ 假设} \\ C + n & H_0 \text{ 假设} \end{cases} \tag{5.27}$$

式中: b 表示目标信号幅度(复数); C、n 分别表示接收到的杂波与噪声矢量; S 为空时导向矢量,可表示为

$$S = S_s(\omega_s) \otimes S_t(\omega_t) \tag{5.28}$$

式中: $\otimes$ 为 Kronecker 积; $S_s(\omega_s)$ 为空域导向; $S_t(\omega_t)$ 为时域导向。其表达式分别为

$$\begin{cases} S_s = [1, e^{j\omega_s}, \cdots, e^{j(N-1)\omega_s}]^T \\ S_t = [1, e^{j\omega_t}, \cdots, e^{j(K-1)\omega_t}]^T \end{cases} \quad (5.29)$$

式中：$\omega_s = 2\pi \dfrac{d}{\lambda}\cos\theta\cos\varphi$ 为空域角频率；$\omega_t = 2\pi \dfrac{2v}{\lambda PRF}\cos\theta\cos\varphi$ 为归一化时域角频率，$\cos\theta\cos\varphi$ 为空间锥角。

最优空时二维自适应处理（全维 STAP）结构原理如图 5.14 所示。

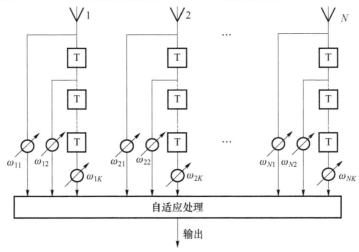

图 5.14　全维 STAP 原理图

可用 $NK \times 1$ 维的权矢量 W 表示二维处理器的加权矢量，则

$$W = [\omega_{11}, \omega_{12}, \cdots, \omega_{1k}, \omega_{21}, \cdots, \omega_{2K}, \cdots, \omega_{N1}, \cdots, \omega_{NK}]^T \quad (5.30)$$

对阵列接收到的空时二维数据利用线性约束最小方差（LCMV）准则求解权矢量，即求下述优化问题为

$$\begin{cases} \min\limits_{W} \quad W^H RW \\ \text{s.t.} \quad W^H S = 1 \end{cases} \quad (5.31)$$

式中：$R = E[XX^H]$ 表示 NK 维的杂波加噪声相关矩阵；S 表示空时导向。

$$R = E\{(C + n)(C + n)^H\} = R_c + \sigma_n^2 I \quad (5.32)$$

式中：R_c 表示杂波相关矩阵；σ_n^2 表示噪声功率；I 表示 NK 维的单位阵。

解得最优权矢量为

$$W = \mu R^{-1} S \quad (5.33)$$

式中：$\mu = \dfrac{1}{S^H R^{-1} S}$，为一常数。

自适应滤波输出为

$$y = W^H X \quad (5.34)$$

改善因子 IF 为滤波器的输出 SCNR 与输入 SCNR 的比值，即

$$\text{IF} = \frac{\text{SCNR}_o}{\text{SCNR}_i} = (\boldsymbol{S}^H \boldsymbol{R}^{-1} \boldsymbol{S}) \cdot (\text{CNR}_i + 1) \sigma_{ni}^2 \quad (5.35)$$

式中：SCNR_o 为输出信杂噪比；SCNR_i 为输入信杂噪比；CNR_i 为输入杂噪比；σ_{ni}^2 为噪声方差。

理论上，若杂波加噪声的相关矩阵 $\boldsymbol{R}$ 精确已知，最优空时自适应处理具有较好的杂波抑制性能，但实际当中杂波特性是未知的，相关矩阵 $\boldsymbol{R}$ 是用待检测单元两侧 L 个样本的数据估计得到的，在均匀杂波背景下，选取的 L 个样本满足 IID 条件，此时可根据最大似然估计得到杂波相关矩阵的无偏估计为

$$\hat{\boldsymbol{R}} = \frac{1}{L} \sum_{l=1}^{L} \boldsymbol{x}_l \boldsymbol{x}_l^H \quad (5.36)$$

式中：$\boldsymbol{x}_l$ 为距离门 l 的 $NK \times 1$ 维的数据矢量。当训练样本数 L 满足 $L \geq 2M$（$M = NK$ 为系统自由度），用估计得到的 $\hat{\boldsymbol{R}}$ 代替真实的 $\boldsymbol{R}$ 时，系统信噪比损失不超过 3dB。

5.4.3 基于数字阵列的空时自适应处理实现

空时自适应处理实时实现与大规模集成电路和数字信号处理器的发展是密不可分的，只有当数字技术发展到当下，计算能力和计算精度才得以满足空时自适应处理的实时需求。

数字阵列的特点是规模异常巨大，这就决定了空时自适应处理不可能在阵元空间来实现，必然需要选择降维处理，降维的方法自然也是有各种各样的选择，比如子阵结构，又分均匀与非均匀子阵，当然子阵分布也可以是一维的线阵，也可以是二维的。子波束降维方法也是一种比较好的选择，其最大特点是子波束增益高，尤其是交叠子波束宽度窄，副瓣电平低。

重复频率的选择是空时自适应处理的一个基础问题，在机载雷达中，选择低重复频率会带来驻留脉冲数变少，速度模糊倍数变大，但距离模糊小甚至没有距离模糊，因而近距离弯曲杂波对远区目标的检测影响小，同时由于速度模糊会导致地面低速目标对空中高速目标形成多普勒遮挡或者地面目标的速度折叠效应引入虚警，解出的多普勒速度置信度变差；选择高重复频率对接收机和发射机的开关响应速度要求很高，切换时间要求高，不能有长拖尾现象，否则会导致距离遮挡变大，同时会因为距离模糊倍数的增加带来弯曲杂波的影响变大。所以在机载雷达中，一般选择中重复频率，近程弯曲杂波基本没有距离模糊，而速度模糊倍数较小，目标的多普勒速度置信度较高。

多节点并行处理技术是空时自适应处理实时实现的重要手段，经波束形成后的子波束或子阵数据通过高速传输通道同时传送到各个并行处理节点，而每

个节点则根据任务需求独立完成各自的处理任务。并行处理设计的基本思想是任务分配均衡,计算节点之间的任务相对独立,数据交互少,降低各处理节点之间的耦合性。

由于载机运动导致主杂波展宽,展宽的程度与载机运动速度、波束宽度和波束指向有关,空时自适应处理可以压窄主杂波宽度,降低目标的最低可检测速度,改善低速目标的检测能力。

在工程应用中,为满足实时处理需求,还须采用降维 STAP 处理,常见的时域降维方法主要包括 1DT 方法、3DT 方法和 Ward 方法。

1) 1DT 方法

1DT 方法是一种多普勒局域化处理方法,它首先通过时域 FFT 处理将杂波按多普勒通道进行划分(即局域化处理),从而降低每个多普勒通道内的杂波秩,然后对不同的多普勒通道采用不同的空域自适应滤波器在这些局域化的杂波处形成空域凹口,并且在目标角度保持固定增益,从而实现信干噪比的改善。相干积累时间越长,脉冲数越多,局域化处理后单个多普勒通道的杂波秩也就越少,空域自适应处理也就越容易抑制这些杂波;同样,空域自由度越多,空域自适应处理也就越有能力抑制这些局域化杂波,并且能够提高目标与局域化杂波的分辨能力。图 5.15 给出了 1DT 方法的示意图,N 个子阵的 K 个脉冲数据首先经过 FFT 处理,然后取出每个子阵的第 k 个多普勒通道的数据做空域自适应处理,最后得到第 k 个多普勒通道的滤波输出。假设 x_{nk} 表示第 n 个子阵第 k 个脉冲的数据,那么第 n 个子阵的脉冲数据矢量 $\boldsymbol{x}_n$ 可以写成如下形式,为

$$\boldsymbol{x}_n = \begin{bmatrix} x_{n1} & x_{n2} & \cdots & x_{nk} \end{bmatrix}^{\mathrm{T}} \tag{5.37}$$

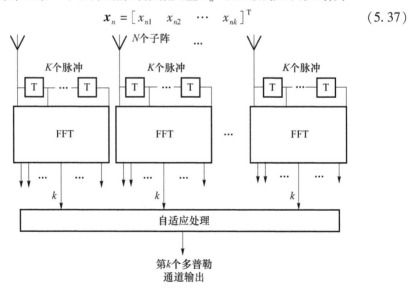

图 5.15 1DT 方法示意图

而相应的空时数据快拍矢量 x 可以写成

$$x = \begin{bmatrix} x_1^T & x_2^T & \cdots & x_N^T \end{bmatrix}^T \quad (5.38)$$

对第 n 个子阵的脉冲数据矢量 x_n 做 FFT 处理,可以得到

$$z_n = T^H x_n = \begin{bmatrix} z_{n1} & z_{n2} & \cdots & z_{nk} \end{bmatrix}^T \quad (5.39)$$

式中:$z_{nk}(k=1,2,\cdots,K)$ 为第 n 个子阵第 k 个多普勒通道的输出数据;T 为加权 FFT 矩阵。如果数据做 FFT 处理时进行了 fftshift 处理(也就是将零频移到了中心),那么 T 的第 k 列矢量 T_k 可以表示为

$$T_k = \begin{bmatrix} a_0 & a_1 e^{j\pi(k-K/2-1)/(K/2)} & \cdots & a_{K-1} e^{j\pi(k-K/2-1)/(K/2)(K-1)} \end{bmatrix}^T \quad (5.40)$$

式中:$a_i(i=0,1,\cdots,K-1)$ 为第 i 个加权系数。此时第 n 个子阵第 k 个多普勒通道的输出数据 z_{nk} 可以表示为

$$z_{nk} = T_k^H x_n = \sum_{i=0}^{K-1} a_i x_{n(i+1)} e^{-j\pi(k-K/2-1)/(K/2)i} \quad (5.41)$$

如果数据做 FFT 处理时没有进行 fftshift 处理,那么 T 的第 k 列矢量 T_k 为

$$T_k = \begin{bmatrix} a_0 & a_1 e^{j2\pi(k-1)/K} & \cdots & a_{K-1} e^{j2\pi(k-1)/K(K-1)} \end{bmatrix}^T \quad (5.42)$$

此时第 n 个子阵第 k 个多普勒通道的输出数据 z_{nk} 可以表示为

$$z_{nk} = T_k^H x_n = \sum_{i=0}^{K-1} a_i x_{n(i+1)} e^{-j2\pi(k-1)i/K} \quad (5.43)$$

1DT 方法采用所有子阵的同一个多普勒通道数据进行自适应处理,可以把所有子阵的同一个多普勒通道数据写成矢量形式,也就是

$$z_k = \begin{bmatrix} z_{1k} & z_{2k} & \cdots & z_{Nk} \end{bmatrix}^T \quad (5.44)$$

经过整理,可以得到 z_k 的另外一种表达式为

$$z_k = (I_N \otimes T_k)^H x \quad (5.45)$$

式中:I_N 为 $N \times N$ 的单位阵。相应的自适应权可以采用最小方差约束准则得到

$$\begin{cases} \min & w_k^H R_k w_k \\ \text{s. t.} & w_k^H s_k = 1 \end{cases} \quad (5.46)$$

式中:$R_k = E[z_k z_k^H]$ 为降维的协方差矩阵;$s_k = s_s \otimes s_{tk}$ 为降维的目标导向矢量,s_s 为目标的空间导向矢量,$s_{tk} = T_k^H s_t = \sum_{i=0}^{K-1} a_i$ 为标量。这主要是由于 1DT 方法属于空域自适应处理,它在时域没有自适应能力。而下一小节讨论的 3DT 方法则属于空时联合自适应处理方法,对应的时间导向矢量不是标量而是矢量,$s_t = \begin{bmatrix} 1 & e^{j\pi f_{d0}} & \cdots & e^{j\pi f_{d0}(K-1)} \end{bmatrix}^T$ 表示原始的时间导向矢量,f_{d0} 为导向的归一化多普勒频率,对于第 k 个多普勒通道来说,$f_{d0} = \dfrac{2(k-1)}{K}$(没有经过 fftshift 处理)或者 $f_{d0} = \dfrac{(k-K/2-1)}{K/2}$(经过 fftshift 处理)。上述最优化问题的解为

$$w_k = \frac{R_k^{-1} s_k}{s_k^H R_k^{-1} s_k} \tag{5.47}$$

最后可以得到第 k 个多普勒通道的滤波输出数据为

$$y_k = w_k^H z_k = \frac{s_k^H R_k^{-1} z_k}{s_k^H R_k^{-1} s_k} \tag{5.48}$$

经过整理,上式可以写成如下统一的降维矩阵形式为

$$y_k = \frac{s^H T_{1dt} (T_{1dt}^H R T_{1dt})^{-1} T_{1dt}^H x}{s^H T_{1dt} (T_{1dt}^H R T_{1dt})^{-1} T_{1dt}^H s} \tag{5.49}$$

式中: $R = E[xx^H]$ 为原始的协方差矩阵; $s = s_s \otimes s_t$ 为原始的目标空时导向矢量; $T_{1dt} = (I_N \otimes T_k)$ 为 1DT 方法的降维矩阵,不同的降维方法有不同的降维矩阵。

上述处理步骤的运算量如表 5.2 所列。

表 5.2　各处理步骤的运算量

处理步骤	复乘	复加
FFT	$\frac{1}{2}NLK\log_2 K$	$NLK\log_2 K$
协方差矩阵估计	$P^2 K L_0$	$P^2 K(L_0 - 1)$
矩阵求逆	$P^3 K$	$P^3 K$
权矢量计算	$P^2 K$	$P(P-1)K$
滤波	PLK	$(P-1)LK$

表 5.2 中: L 为处理的距离门数; L_0 为协方差矩阵估计所用的距离样本数; P 为自适应处理的维数。一般假设 $L_0 = 3P$。如果采用 1DT 方法, $P = N$,那么 1DT 方法的复乘为 $4KN^3 + KN^2 + \left(1 + \frac{1}{2}\log_2 K\right)LKN$,复加为 $4KN^3 + (LK\log_2 K + LK - K)N - LK$。如果采用 3DT 方法, $P = 3N$,那么 3DT 方法的复乘为 $108KN^3 + 9KN^2 + \left(3 + \frac{1}{2}\log_2 K\right)LKN$,复加为 $108KN^3 + (LK\log_2 K + 3LK - 3K)N - LK$。

总的来说,1DT 方法相比 3DT 方法具有实现简单,计算量少,所需样本数少的优点,而且在副瓣杂波区以及无杂波区可以获得和 3DT 方法基本一致的性能,这主要是由于空域自适应处理能够在保留目标的情况下很好地抑制副瓣杂波。如果对性能要求不是太高,而且要求系统简单容易实现,那么采用 1DT 方法是一个比较好的选择。不过在主瓣杂波区,由于 1DT 方法不能像 3DT 方法那样在杂波位置形成斜凹口,1DT 方法的杂波抑制性能不如 3DT 方法的杂波抑制性能。

2) 3DT 方法

不同于 1DT 方法,3DT 方法属于空时联合处理方法,它能在二维响应上形成一个与杂波谱匹配的凹口,能够更好地抑制杂波。它利用深加权 FFT 对杂波

进行局域化处理之后,不同于1DT方法只采用本多普勒通道局域化的杂波进行空域自适应处理,而是采用相邻的多个多普勒通道局域化杂波一起进行空时联合自适应处理。这主要是考虑到多普勒滤波器组不是理想的带通滤波器组,相邻多普勒通道的局域化杂波不是完全独立的,而是具有一定的相关性,这时采用联合处理能够提高杂波的抑制能力。虽然3DT方法的杂波抑制性能要明显好于1DT方法,但与之相对应的就是计算量要明显高于1DT方法,此外,计算协方差矩阵所需的样本数也要明显多于1DT方法。图5.16给出了3DT方法的示意图,处理步骤类似于1DT方法。

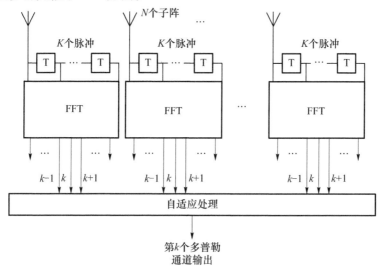

图 5.16　3DT 方法示意图

N 个子阵的数据首先经过 FFT 处理,然后取出其中相邻的第 $k-1$、k、$k+1$ 个多普勒通道的数据做自适应处理,最后得到第 k 个多普勒通道的滤波输出。假设 x_{nk} 表示第 n 个子阵第 k 个脉冲的数据,那么第 n 个子阵的脉冲数据矢量 $\boldsymbol{x}_n$ 可以写成如下形式:

$$\boldsymbol{x}_n = \begin{bmatrix} x_{n1} & x_{n2} & \cdots & x_{nK} \end{bmatrix}^T \tag{5.50}$$

而相应的空时数据快拍矢量 $\boldsymbol{x}$ 可以写成

$$\boldsymbol{x} = \begin{bmatrix} \boldsymbol{x}_1^T & \boldsymbol{x}_2^T & \cdots & \boldsymbol{x}_N^T \end{bmatrix}^T \tag{5.51}$$

对第 n 个子阵的脉冲数据矢量 $\boldsymbol{x}_n$ 做 FFT 处理可以得到

$$\boldsymbol{z}_n = \boldsymbol{T}^H \boldsymbol{x}_n = \begin{bmatrix} z_{n1} & z_{n2} & \cdots & z_{nK} \end{bmatrix}^T \tag{5.52}$$

式中:$z_{nk}(k=1,2,\cdots,K)$ 为第 n 个子阵第 k 个多普勒通道的输出数据;$\boldsymbol{T}$ 为加权 FFT 矩阵。如果数据做 FFT 处理时进行了 fftshift 处理,那么 $\boldsymbol{T}$ 的第 k 列矢量 $\boldsymbol{T}_k$ 为

$$T_k = [a_0 \quad a_1 e^{j\pi(k-K/2-1)/(K/2)} \quad \cdots \quad a_{K-1} e^{j\pi(k-K/2-1)/(K/2)(K-1)}]^T \quad (5.53)$$

式中：$a_i(i=0,1,\cdots,K-1)$ 为第 i 个加权系数。此时第 n 个子阵第 k 个多普勒通道的输出数据 z_{nk} 可以表示为

$$z_{nk} = T_k^H x_n = \sum_{i=0}^{K-1} a_i x_{n(i+1)} e^{-j\pi(k-K/2-1)/(K/2)i} \quad (5.54)$$

如果数据做 FFT 处理时没有进行 fftshift 处理，那么 T 的第 k 列矢量 T_k 为

$$T_k = [a_0 \quad a_1 e^{j2\pi(k-1)/K} \quad \cdots \quad a_{K-1} e^{j2\pi(k-1)/K(K-1)}]^T \quad (5.55)$$

此时第 n 个子阵第 k 个多普勒通道的输出数据 z_{nk} 可以表示为

$$z_{nk} = T_k^H x_n = \sum_{i=0}^{K-1} a_i x_{n(i+1)} e^{-j2\pi(k-1)i/K} \quad (5.56)$$

3DT 方法采用所有子阵的相邻 3 个多普勒通道数据进行自适应处理，可以把这些数据写成矢量形式，也就是

$$z_k = [z_{1(k-1)} \quad z_{1k} \quad z_{1(k+1)} \quad \cdots \quad z_{N(k-1)} \quad z_{Nk} \quad z_{N(k+1)}]^T \quad (5.57)$$

经过整理，可以得到 z_k 的另外一种表达式为

$$z_k = (I_N \otimes B_k)^H x \quad (5.58)$$

式中：I_N 为 $N \times N$ 的单位阵；$B_k = [T_{k-1} \quad T_k \quad T_{k+1}]$。

相应的自适应权可以采用最小方差约束准则得到，为

$$\begin{cases} \min \ w_k^H R_k w_k \\ \text{s.t.} \quad w_k^H s_k = 1 \end{cases} \quad (5.59)$$

式中：$R_k = E[z_k z_k^H]$ 为降维的协方差矩阵；$s_k = s_s \otimes s_{tk}$ 为降维的目标导向矢量，s_s 为目标的空间导向矢量，$s_{tk} = B_k^H s_t = [T_{k-1}^H s_t \quad T_k^H s_t \quad T_{k+1}^H s_t]^T$ 为降维的目标时间导向矢量，$s_t = [1 \quad e^{j\pi f_{d0}} \quad \cdots \quad e^{j\pi f_{d0}(K-1)}]^T$ 表示原始的时间导向矢量，f_{d0} 为导向的归一化多普勒频率，对于第 k 个多普勒通道来说，$f_{d0} = \dfrac{2(k-1)}{K}$（没有经过 fftshift 处理）或者 $f_{d0} = \dfrac{k-K/2-1}{K/2}$（经过 fftshift 处理）。

上述最优化问题的解为

$$w_k = \frac{R_k^{-1} s_k}{s_k^H R_k^{-1} s_k} \quad (5.60)$$

最后可以得到第 k 个多普勒通道的滤波输出数据为

$$y_k = w_k^H z_k = \frac{s_k^H R_k^{-1} z_k}{s_k^H R_k^{-1} s_k} \quad (5.61)$$

经过整理，上式可以写成如下统一的降维矩阵形式：

$$y_k = \frac{s^H T_{3dt} (T_{3dt}^H R T_{3dt})^{-1} T_{3dt}^H x}{s^H T_{3dt} (T_{3dt}^H R T_{3dt})^{-1} T_{3dt}^H s} \quad (5.62)$$

式中：$R = E[xx^H]$ 为原始的协方差矩阵；$s = s_s \otimes s_t$ 为原始的目标空时导向矢量；

$T_{3dt} = (I_N \otimes B_k)$ 为 3DT 的降维矩阵。

总的来说，3DT 方法的计算量明显高于 1DT 方法的计算量，而且 3DT 方法需要的训练样本数也是 1DT 方法的 3 倍，对样本数要求更高，这使得 3DT 方法的实现比 1DT 方法要复杂得多。但 3DT 方法在性能上要明显好于 1DT 方法，特别是在主瓣杂波区，这主要是由于 3DT 方法属于空时联合自适应处理方法，它能够在杂波位置形成与杂波匹配的斜凹口，杂波抑制能力更强，这可以通过图 5.17 所示的两种方法的频率响应清楚地看到，1DT 方法只能在杂波对应的空域形成凹口，而 3DT 方法则能在杂波对应的杂波谱形成斜凹口。

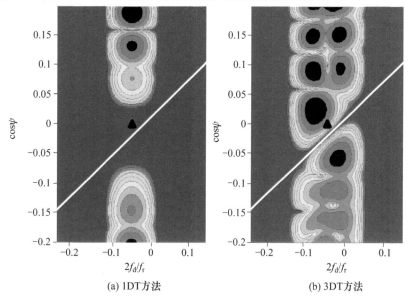

图 5.17 1DT 方法和 3DT 方法的频率响应（见彩图）

3）Ward 方法

Ward 方法属于空时联合自适应处理方法，它不同于 1DT 方法只采用本多普勒通道局域化的杂波进行空域自适应处理，也不同于 3DT 方法利用相邻的多个多普勒通道局域化杂波一起进行空时联合自适应处理，而是在采用深加权 FFT 将杂波进行局域化处理之后继续利用局域化杂波的时域信息和空域信息进行空时自适应处理。局域化处理之后，杂波秩大大减少，但此时的杂波还是具有空时耦合特性，不过只需要少数的时域自由度加空域自由度就能够很好地抑制这些杂波。相对于 1DT 方法，Ward 方法增加了时域自由度，能够形成与杂波谱匹配的凹口，能够更好地抑制杂波。同样，虽然 Ward 方法的杂波抑制性能要好于 1DT 方法，但它的计算量以及估计协方差矩阵的样本数却要大大高于 1DT 方法。图 5.18 给出了 Ward 方法的示意图。N 个子阵的数据首先经过滑窗 FFT 处

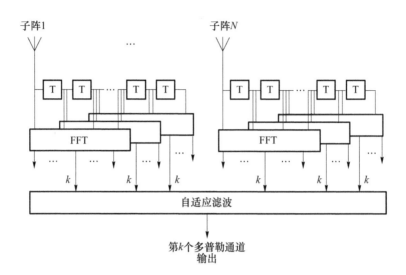

图 5.18 Ward 方法示意图

理,也就是采用窗长为 $K-2$ 的矩形窗在脉冲上进行滑动,每滑动一次进行一次 K 点的FFT处理。具体地说,采用第 1 至 $K-2$ 个脉冲进行第一次的 K 点 FFT 处理,采用第 2 至 $K-1$ 个脉冲进行第二次的 K 点 FFT 处理,采用第 3 至 K 个脉冲进行第三次的 K 点 FFT 处理。然后取出三次 FFT 处理后相同的第 k 个多普勒通道的数据做自适应处理,最后得到第 k 个多普勒通道的滤波输出。假设 x_{nk} 表示第 n 个子阵第 k 个脉冲的数据,那么第 n 个子阵的脉冲数据矢量 $\boldsymbol{x}_n$ 可以写为

$$\boldsymbol{x}_n = \begin{bmatrix} x_{n1} & x_{n2} & \cdots & x_{nK} \end{bmatrix}^{\mathrm{T}} \quad (5.63)$$

而相应的数据快拍矢量 $\boldsymbol{x}$ 可以写为

$$\boldsymbol{x} = \begin{bmatrix} \boldsymbol{x}_1^{\mathrm{T}} & \boldsymbol{x}_2^{\mathrm{T}} & \cdots & \boldsymbol{x}_N^{\mathrm{T}} \end{bmatrix}^{\mathrm{T}} \quad (5.64)$$

对第 n 个子阵的脉冲数据矢量 $\boldsymbol{x}_n$ 做第一次滑窗的 FFT 处理可以得到

$$\boldsymbol{z}_{nJ_1} = \boldsymbol{T}^{\mathrm{H}} \boldsymbol{J}_1 \boldsymbol{x}_n = \begin{bmatrix} z_{nJ_11} & z_{nJ_12} & \cdots & z_{nJ_1K} \end{bmatrix}^{\mathrm{T}} \quad (5.65)$$

式中: $z_{nJ_1k}(k=1,2,\cdots,K)$ 为第 n 个子阵做第一次滑窗的 FFT 处理后第 k 个多普勒通道的输出数据; $\boldsymbol{T}$ 为 FFT 矩阵; $\boldsymbol{J}_1 = \begin{bmatrix} \boldsymbol{AI}_{K-2} & \boldsymbol{0} \\ \boldsymbol{0} & \boldsymbol{0}_{2\times 2} \end{bmatrix}$, $\boldsymbol{A} = \mathrm{diag}(\begin{bmatrix} a_0 & a_1 & \cdots & a_{K-3} \end{bmatrix})$,其中 $a_i(i=0,1,\cdots,K-3)$ 为第 i 个加权系数。如果数据做 FFT 处理时进行了 fftshift 处理,那么 $\boldsymbol{T}$ 的第 k 列矢量 $\boldsymbol{T}_k$ 为

$$\boldsymbol{T}_k = \begin{bmatrix} 1 & \mathrm{e}^{\mathrm{j}\pi(k-K/2-1)/(K/2)} & \cdots & \mathrm{e}^{\mathrm{j}\pi(k-K/2-1)/(K/2)(K-1)} \end{bmatrix}^{\mathrm{T}} \quad (5.66)$$

此时第 n 个子阵做第一次滑窗的 FFT 处理后第 k 个多普勒通道的输出数据 z_{nJ_1k} 可以表示为

$$z_{nJ_1k} = T_k^H J_1 x_n = \sum_{i=0}^{K-3} a_i x_{n(i+1)} e^{-j\pi(k-K/2-1)/(K/2)i} \quad (5.67)$$

如果数据做 FFT 处理时没有进行 fftshift 处理，那么 T 的第 k 列矢量 T_k 为

$$T_k = \begin{bmatrix} 1 & e^{j2\pi(k-1)/K} & \cdots & e^{-j2\pi(k-1)/K(K-1)} \end{bmatrix}^T \quad (5.68)$$

此时第 n 个子阵做第一次滑窗的 FFT 处理后第 k 个多普勒通道的输出数据 z_{nk} 可以表示为

$$z_{nJ_1k} = T_k^H J_1 x_n = \sum_{i=0}^{K-3} a_i x_{n(i+1)} e^{-j2\pi(k-1)i/K} \quad (5.69)$$

同理，可以得到 x_n 做第二次和第三次滑窗的 FFT 处理后的输出数据分别为

$$z_{nJ_2} = T^H J_2 x_n = \begin{bmatrix} z_{nJ_21} & z_{nJ_22} & \cdots & z_{nJ_2K} \end{bmatrix}^T \quad (5.70)$$

$$z_{nJ_3} = T^H J_3 x_n = \begin{bmatrix} z_{nJ_31} & z_{nJ_32} & \cdots & z_{nJ_3K} \end{bmatrix}^T \quad (5.71)$$

式中：z_{nJ_2k} 和 $z_{nJ_3k}(k=1,2,\cdots,K)$ 分别为第 n 个子阵做第二次和第三次滑窗的 FFT 处理后第 k 个多普勒通道的输出数据；T 为 FFT 矩阵；$J_2 = \begin{bmatrix} 0 & 0 & 0 \\ 0 & AI_{K-2} & 0 \\ 0 & 0 & 0 \end{bmatrix}$；

$J_3 = \begin{bmatrix} 0_{2\times 2} & 0 \\ 0 & AI_{K-2} \end{bmatrix}$。

如果数据做 FFT 处理时进行了 fftshift 处理，那么 T 的第 k 列矢量 T_k 为

$$T_k = \begin{bmatrix} 1 & e^{j\pi(k-K/2-1)/(K/2)} & \cdots & e^{j\pi(k-K/2-1)/(K/2)(K-1)} \end{bmatrix}^T \quad (5.72)$$

此时第 n 个子阵做第二次和第三次滑窗的 FFT 处理后第 k 个多普勒通道的输出数据 z_{nk} 可以分别表示为

$$z_{nJ_2k} = T_k^H J_2 x_n = \sum_{i=1}^{K-2} a_i x_{n(i+1)} e^{-j\pi(k-K/2-1)/(K/2)i} \quad (5.73)$$

$$z_{nJ_3k} = T_k^H J_3 x_n = \sum_{i=2}^{K-1} a_i x_{n(i+1)} e^{-j\pi(k-K/2-1)/(K/2)i} \quad (5.74)$$

如果数据做 FFT 处理时没有进行 fftshift 处理，那么 T 的第 k 列矢量 T_k 为

$$T_k = \begin{bmatrix} 1 & e^{j2\pi(k-1)/K} & \cdots & e^{-j2\pi(k-1)/K(K-1)} \end{bmatrix}^T \quad (5.75)$$

此时第 n 个子阵做第二次和第三次滑窗的 FFT 处理后第 k 个多普勒通道的输出数据 z_{nk}，可以分别表示为

$$z_{nJ_2k} = T_k^H J_2 x_n = \sum_{i=1}^{K-2} a_i x_{n(i+1)} e^{-j2\pi(k-1)i/K} \quad (5.76)$$

$$z_{nJ_3k} = T_k^H J_3 x_n = \sum_{i=2}^{K-3} a_i x_{n(i+1)} e^{-j2\pi(k-1)i/K} \quad (5.77)$$

Ward 方法采用所有子阵经过三次滑窗 FFT 处理后的第 k 个多普勒通道的数据做自适应处理，可以把这些数据写成矢量形式，也就是

$$z_k = [z_{1J_1k} \quad z_{1J_2k} \quad z_{1J_3k} \quad \cdots \quad z_{NJ_1k} \quad z_{NJ_2k} \quad z_{NJ_3k}]^T \quad (5.78)$$

经过整理,可以得到 z_k 的另外一种表达式为

$$z_k = (I_N \otimes B_k)^H x \quad (5.79)$$

式中: I_N 为 $N \times N$ 的单位阵; $B_k = [J_1 T_k \quad J_2 T_k \quad J_3 T_k]$。

相应的自适应权可以采用最小方差约束准则得到,为

$$\begin{cases} \min w_k^H R_k w_k \\ \text{s. t.} \quad w_k^H s_k = 1 \end{cases} \quad (5.80)$$

式中: $R_k = E[z_k z_k^H]$ 为降维的协方差矩阵; $s_k = s_s \otimes s_{tk}$ 为降维的目标导向矢量, s_s 为目标的空间导向矢量, $s_{tk} = B_k^H s_t = [T_k^H J_1 s_t \quad T_k^H J_2 s_t \quad T_k^H J_3 s_t]$ 为降维的目标时间导向矢量, $s_t = [1 \quad e^{j\pi f_{d0}} \quad \cdots \quad e^{j\pi f_{d0}(K-1)}]^T$ 表示原始的时间导向矢量, f_{d0} 为导向的归一化多普勒频率,对于第 k 个多普勒通道来说, $f_{d0} = \dfrac{2(k-1)}{K}$(没有经过 fftshift 处理)或者 $f_{d0} = \dfrac{k - K/2 - 1}{K/2}$(经过 fftshift 处理)。

上述最优化问题的解为

$$w_k = \frac{R_k^{-1} s_k}{s_k^H R_k^{-1} s_k} \quad (5.81)$$

最后可以得到第 k 个多普勒通道的滤波输出数据为

$$y_k = w_k^H z_k = \frac{s_k^H R_k^{-1} z_k}{s_k^H R_k^{-1} s_k} \quad (5.82)$$

经过整理,上式可以写成统一的降维矩阵形式为

$$y_k = \frac{s^H T_{\text{Ward}} (T_{\text{Ward}}^H R T_{\text{Ward}})^{-1} T_{\text{Ward}}^H x}{s^H T_{\text{Ward}} (T_{\text{Ward}}^H R T_{\text{Ward}})^{-1} T_{\text{Ward}}^H s} \quad (5.83)$$

式中: $R = E[xx^H]$ 表示原始的协方差矩阵; $s = s_s \otimes s_t$ 表示原始的目标空时导向矢量; $T_{\text{Ward}} = (I_N \otimes B_k)$ 为 Ward 方法的降维矩阵。

在工程实现时,通常采用距离分段的方式来应对杂波的非平稳非均匀性,不同距离段之间有一定的重叠区间,以避免区间跨越带来的损失。

空时自适应处理(图 5.19)的运算量估算,主要考虑在距离上的分段处理,段之间需要一定的交叠,每段的样本数需要满足自由度对样本数的最低需求,同

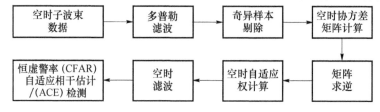

图 5.19 基于数字阵列的空时自适应处理流程图

时要考虑剔除奇异样本后仍然满足此要求。下面以每段 60 个样本,8 个子波束做 3DT – STAP 处理一个多普勒通道为例:

计算 3DT 杂波协方差矩阵 $24^2 \times 60 = 34560$;

协方差矩阵求逆 $24^3 = 13824$;

空时自适应权计算 $24^2 = 576$;

空时自适应滤波 $24 \times 60 = 1440$。

上面的核算是一种比较粗略的计算,实际运算量还随程序设计技巧有所增减,但用来估算运算资源也还算相对准确。

总的运算量是这些运算量之和再乘以多普勒通道数,还要乘以距离分段数。这里所计算的量都是按复数计算的,如果要折算成实数的运算量还需要乘以 4,每秒运算量要除以驻留时间。

用高性能数字信号处理器构建 STAP 处理系统时,需要根据单片处理器的峰值运算能力乘以计算效率,先核算完成一次乘法运算需要的时间,再用总的计算量来核算需要的总的处理器芯片数,再根据每块插件上能容纳的芯片数量,核算总插件数。

数据的输入输出及芯片之间和插件之间的数据交互,需要占用一定的资源,在核算处理设备规模的时候需要留出一些余量。

假设一个雷达采用 3000Hz 的重复频率,带宽为 2MHz,采样率 2.5MHz,则总距离单元数约为 800,距离分段数为 15,CPI 脉冲数为 300,多普勒滤波采用 512 点 FFT,驻留时间约 100ms,则可以计算出实际计算量为 $(34560 + 13824 + 576 + 1440) \times 4 \times 512 \times 15/0.1 = 15482880000(\text{s}^{-1})$。

设一个处理器类似 TS201 单片运算可以 2ns 完成一次实数乘法运算,则完成上述运算需要 31 片处理器,如果一块插件可以布放 8 片,则需要 4 块插件。

其他如多普勒滤波、CFAR 检测、ACE 检测等运算,约为这些主要运算的 30%,再考虑处理器的实际运算效率,构建处理系统时建议插件数加倍,用 8 ~ 10 块插件。

驻留脉冲数的增加将使多普勒通道数增加,但同时也会使驻留时间增加,因此单位时间内的运算量不会有很大的变化,当然这会影响处理器的内存使用,在实际应用中也需要慎重考虑。

5.4.4 基于数字阵列的空时自适应处理性能分析

统计协方差矩阵无法准确得到,只能通过有限样本估计得到,样本本身的分布特性和独立性,决定了估计值与真实值之间存在一定的差异,这种差异会导致空时自适应处理的性能下降,也决定了永远无法将处理剩余降低到噪声电平以下的极限性能。空时自适应处理的改善因子起伏很大的根本原因也在于此,当杂波特性平稳均匀时,性能改善大,而当杂波起伏大,平稳性均匀性差时,性能改善也变小。载机姿态的稳定性,照射地形地貌的特征起伏,地面强反射点的影响等都会使空时自适应处理的性能下降。

独立同分布样本数的限制,是空时自适应处理性能提高的一个非常关键的瓶颈,根据相关理论,当独立同分布样本数大于2倍空时自由度时,处理性能与最优处理器相比损失小于3dB,但在机载雷达中,特别是非正侧面阵放置的雷达中,杂波的多普勒是随距离变化的,在一定锥角下的等多普勒曲线不是直线,因而回波样本只是在一个相对较小的范围内满足独立同分布的特点,空时自由度与样本数具有明显的冲突,需要在两者之间寻求折中。

5.4.5 非正侧面阵带来的近程弯曲杂波处理

5.4.5.1 近程弯曲杂波产生原因

近程弯曲杂波一般指非正侧视的天线阵面,在其下方的大下视角时,变化剧烈的地面杂波,在距离多普勒谱图上表现为一条随距离快速变化的弯曲杂波线。当雷达波束较宽,特别是在俯仰方向上较宽时,例如机载预警雷达,波束主瓣在下视方向的一系列副瓣上会有相当一部分能量照射到地面,考虑到地面的强发射性,近程弯曲杂波的强度通常相当可观,一般来说远大于目标信号。如不进行针对性的处理,在解模糊处理后,很容易导致环状虚警,也很容易将落在这个区域的目标淹没。

波束总有一定的宽度,在波束所覆盖的视角内,近程弯曲杂波将展宽成一个杂波带,波束越宽,展宽效应就越明显。另一方面,数字阵列单元之间总存在一些残余误差,这不可避免地会降低杂波抑制性能,其中,指向正下方的一系列副瓣由于地面的镜面反射会形成高度线杂波区域。实际工作中,近程弯曲杂波带和高度线杂波区域往往融合在一起,使近程弯曲杂波分布变得更复杂。

和远程杂波不同,近程弯曲杂波的估计和处理需要较多的参数,包括载机姿态甚至是高空风速等信息。随着全球定位系统(GPS)、惯性导航仪等传感器以及电子地图的发展,这些参数越来越丰富,参数的精度和实时性也越来越高,近程弯曲杂波已经能够被较准确地估计并用于实际中。

1) 杂波数学模型

如图5.20所示,在空间坐标系(x,y,z)中,(x,y)为地平面,P为地面上的散射体,载机以速度v、高度H沿x轴飞行,天线阵面轴向平行于(x,y)平面。θ和ϕ为散射体P的方位角和俯仰角,ϕ同时也是P相对于天线阵面的俯仰角,β为散射体P相对于天线阵面的方位角,α为天线轴向和速度v的夹角,φ和ψ分别为散射体P相对速度v和天线轴向的夹角。上述几个角度满足$\theta = \alpha + \beta$、

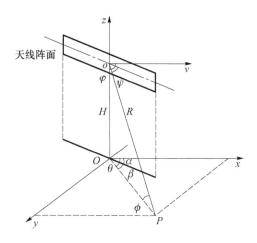

图 5.20 机载雷达阵面和地面散射体的几何关系

$\cos\varphi = \cos\theta\cos\phi$ 和 $\cos\psi = \cos\beta\cos\phi$。

散射体 P 的多普勒频率为

$$f_d = \frac{2v}{\lambda}\cos\varphi = \frac{2v}{\lambda}\cos\theta\cos\phi \tag{5.84}$$

在二维相控阵天线的方向图中,副瓣在主瓣附近呈近似十字形状分布,其中俯仰方向上的副瓣是产生近程杂波的主要因素。图 5.21 中的左图为阵元间距为半波长的 64×16 面阵,在方位角 $=30°$、俯仰角 $=-2°$、加切比雪夫窗时的天线方向图。

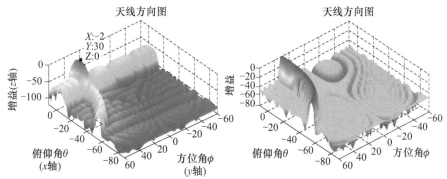

图 5.21 64×16 面阵和 64×1 线阵在方位角 $=30°$ 时的方向图(见彩图)

可以看出,在更大范围内俯仰方向的副瓣分布在锥角 ψ 上,和 64×1 水平线阵的主瓣特征一致,如图 5.21 中的右图。多普勒频率和斜距 R 的关系对应距离多普勒谱图中的杂波分布特征,把多普勒频率 f_d 视为距离 R 的函数,考察相控阵波束主瓣指向散射体 P 时的情形。根据三角恒等式:

$$\cos\theta\cos\phi = \cos(\alpha+\beta)\cos\phi = \cos\psi\cos\alpha - \sqrt{\cos^2\phi - \cos^2\psi}\sin\alpha$$

可整理为

$$f_d(R) = \frac{2v}{\lambda}\left(\cos\psi\cos\alpha - \sqrt{1-\left(\frac{H}{R}\right)^2-\cos^2\psi}\sin\alpha\right) \qquad (5.85)$$

2) 近程杂波曲线和支撑区间

由上式计算出的杂波曲线在距离不模糊时的部分一般被称为近程杂波,近程杂波主要由波束大俯仰角照射地面近距离反射物产生。相应的,因距离模糊而在距离多普勒谱图中反复折叠的部分,可认为是远程杂波。工程中,由于生成谱图时 FFT 点数的限制,以及杂波本身的展宽,远程杂波一般叠加成为一条竖直的强杂波线。

面阵和线阵遵循相同的分布特性,相比之下,面阵的近程杂波,区别仅在于从副瓣进入还是从主瓣进入。

图 5.22 给出了不同扫描锥角(30°、60°、90°、120°和 150°)下,正侧阵、前视阵和斜侧阵的理论近程弯曲杂波曲线,其中不模糊距离为 120km,不考虑波束的背瓣。可以看出,近程弯曲杂波随着距离单元的增大总是快速地收敛于主杂波所在的频率处。

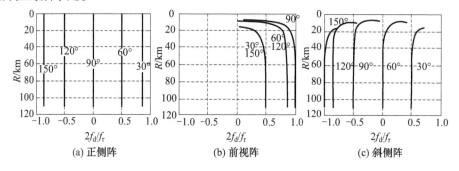

(a) 正侧阵　　　　　(b) 前视阵　　　　　(c) 斜侧阵

图 5.22　不同侧视角度的理论近程弯曲杂波线(f_r 为脉冲重复频率)

正侧阵的近程弯曲杂波和远程主杂波重合,即多普勒频率和距离无关,不需要特殊处理,通常所说的正侧阵时没有弯曲杂波正是指这种近程弯曲杂波和主杂波重合的特例。前视阵的近程弯曲杂波弯曲程度最大,即多普勒频率随距离变化得最为剧烈,且扫描角对称时该曲线重合,前视阵近程弯曲杂波总是在谱图的一侧,起始点近似位于高度线杂波区域,在处理中这是一个显著的优点。相比之下,斜侧阵的近程弯曲杂波最为复杂,起始点不一定位于高度线杂波区域,甚至相距较远,例如图 5.22 中 30°的曲线。实际中,这条理论曲线上的杂波点往往会和高度线杂波一起,形成分布于主杂波线两侧的不规则近程杂波区域。

$\cos\phi = \sqrt{1-\left(\frac{H}{R}\right)^2}$,$|\cos\theta|\leqslant 1$,由此可以确定 $f_d(R)$ 的边界,即

$$|f_\mathrm{d}(R)| \leq \frac{2v}{\lambda}\sqrt{1-\left(\frac{H}{R}\right)^2} \tag{5.86}$$

该边界确定的区域被称为支撑区间,支撑区间仅与 v、λ 和 H 相关。除主瓣和锥角 ψ 上的副瓣以外,还存在着其他更低副瓣产生的杂波,特别是载机正下方区域的高度杂波,这些杂波往往难以用数学模型描述,但都分布在支撑区间内部。事实上,不管阵面的扫描角如何,也不管副瓣甚至是背瓣如何分布,可以确定的是,近程弯曲杂波,包括高度线杂波,总是在支撑区间内部。这为近程弯曲杂波估计和处理提供了一个下界。

5.4.5.2 近程弯曲杂波处理方法

尽管按公式即可直接计算出近程弯曲杂波曲线,但在实际工作中,问题要复杂得多。导致计算的补偿量和杂波数据不匹配而造成较大误差的主要原因是载机巡航高度、高空风速以及地面起伏的影响。

载机的巡航速度一般指相对空气的速度,传统速度传感器给出的也正是这个速度,通常称为空速,而公式中的速度 v 是指相对于地面的速度,可称为地速。对于运输机平台来说,典型值为 160m/s,高空风速经常能够达 30m/s 左右,一方面,风速的平行分量会导致地速大小的变化,顺风时的地速甚至可达逆风时的 1.5 倍,另一方面,在风速垂直分量的影响下,惯导给出的机头方向和实际速度方向并不重合,可偏离 ±10°,这等效于阵面角度 α 的变化。在这个高空风速的影响下,即使是常规正侧阵布局,也会产生轻微的近程弯曲杂波,在某些应用场合还须予以考虑。

如图 5.23 所示,矢量 v_a 是载机相对空气的速度,即通常意义上的巡航速度,矢量 v_w 是风速,二者的矢量和是载机的地速 v,v_a 和 v 的夹角 A 一般称为侧滑角,B 为阵面安装角,天线和速度夹角 α 满足 $\alpha = A + B$。以风速 v_w 为 30m/s 为例,相对于 100~250m/s 的常规巡航速度 v_a,产生的侧滑角经常超过 10°,是不可忽略的因素。

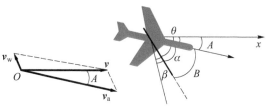

图 5.23 侧滑角的产生

在距离多普勒谱图中,侧滑角会导致杂波分布特征的改变。图 5.24 给出了 $B=30°$,$\psi=60°$,侧滑角 A 分别等于 0°、10° 和 -10° 时的 3 条近程杂波曲线。图中:横轴为归一化多普勒频率,$\frac{f_d}{\mathrm{prf}}=0.6$,纵轴为归一化距离单元,$\frac{R}{R_{\max}}=0.375$,虚线为支撑区间的边界。从图5.24中可以看出:近程弯曲杂波曲线形状类似且总是位于支撑区间以内,但随着侧滑角的不同,曲线位置又有明显的不同。

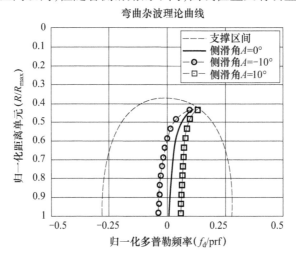

图5.24　侧滑角对距离多普勒谱图中杂波分布曲线的影响

载机巡航高度的典型值为海拔8000m,在这个高度上,地球曲率对近程弯曲杂波理论曲线影响不大,推导过程也是将地面视为一个理想平面,没有考虑这个因素。需要特别注意的是,载机的高度传感器一般给出的是海拔高度,而式中的高度H均为相对地面的高度,有时也称为真高度或真高。在没有专用测高雷达的情况下,如何准确地得到真高,也是估计和处理近程弯曲杂波必须面临的问题。

作为一种现代设备,GPS则可以给出真实的地速,在载机稳定飞行过程中,通过GPS不仅可以准确获得地速的大小,还可以准确获得地速的方向。但GPS给出的高度是海拔值,为了得到载机的真高,结合GPS坐标信息和现代电子地图实时获取地面海拔,是一种可行的方案。

近程弯曲杂波被定位以后,可以直接剔除该区域的过门限点以避免出现虚警,也可以作为先验信息提高STAP等后续处理的性能。

第1类方法:基于完备参数的方法

涉及近程弯曲杂波和支撑区间的参数中,作为雷达本身的工作参数,波长λ、波束扫描方向ψ、阵面安装角B等是比较容易准确获得的,GPS和电子地图可以给出地速矢量v和载机真高H,低速方向和惯导给出的机头指向可进一步得到侧滑角A,这样一来,近程弯曲杂波理论曲线、支撑区间曲线等就可以直接计算得到。

在实际处理中,近程弯曲杂波理论曲线应根据波束宽度和时频分析时的展宽效应进行拓展,形成近程弯曲杂波区域。此外,根据参数计算得到的支撑区间,其顶部可以认为是高度线杂波区域。这两部分可以分别表示,也可以采用一定的策略进行区域融合,作为近程弯曲杂波定位的结果,并用于后续的处理中。

第 2 类方法:基于部分参数的方法

当没有足够的参数输入时,也可以根据谱图本身的特性对缺少的参数进行估计。一种经常会碰到的情况是 GPS 或惯导数据不全导致无法得到侧滑角,此时,从距离多普勒谱图的特征中估计出侧滑角,再利用理论曲线公式进行处理,是一种实用的方法。

当 $R \to \infty$ 时,有 $\psi = \beta$ 和 $\phi = \theta$,此时 $f_d^\infty = \frac{2v}{\lambda}\cos\theta$,为波束主瓣形成的远程主杂波,而且在距离多普勒谱图中多次折叠,信号很强,可以投影到多普勒轴上通过峰值搜索获得 f_d^∞。在搜索得到了 f_d^∞ 以后,可以估计出 θ 值为

$$\theta = \arccos\left(f_d^\infty \frac{\lambda}{2v}\right) \tag{5.87}$$

对于相控阵来说,波束扫描角 ψ 是已知参数,为了产生近程杂波曲线,α 需要根据下式计算出,为

$$\alpha = \theta - \psi \tag{5.88}$$

进一步,还可以根据阵面的安装角 B,给出侧滑角的估计值 $A = \theta - \psi - B$。λ 和 ψ 为系统参数,v 可通过 GPS 获得,因此,α 及侧滑角 A 估计问题可转化成对 f_d^∞ 估计的问题。

设 $I(i,j)$ 表示工程中经 FFT 生成的大小为 $N \times R_{max}$ 的距离多普勒谱图,N 为 FFT 点,R_{max} 为不模糊距离单元数,远程杂波的多普勒频率估计可以通过搜索最大值实现。为了提高搜索的准确性,可将谱图投影成多普勒频率的一维离散函数,为

$$I'(i) = \sum_{j=1}^{R_{max}} I(i,j)$$

若 $i = m$,I' 取最大值 $I'(m)$,则远程杂波的多普勒频率可表示为

$$f_d^\infty = \frac{m - N/2}{prf} \tag{5.89}$$

式中:prf 为脉冲重复频率,且 prf 足够高确保远程杂波不会出现速度模糊。通过以上计算,可以从谱图本身的特征估计出侧滑角参数,进而利用第 1 类方法进行处理。此外,对于规则的谱图,对零频附近的杂波进行统计分析,载机的真高也是能够被估计的一个重要参数。

第 3 类方法：基于谱图的方法

即使没有任何外部参数，仅从谱图中也可以获得较多的关于近程弯曲杂波的信息，这类方法相当于盲估计。根据图像处理中的门限检测、区域连通性分析等得到近程弯曲杂波是一种可行的方法。由于曲线数学模型预知，采用第 2 类方法估计一些参数，然后以这些参数作为辅助，采用一些基于先验知识的区域提取方法，往往可以获得更好的结果。

事实上，单幅谱图能够估计得到的信息总是有限的、精度上往往也不足，考虑到参数都是一些缓变量，如果能够把连续多个波束的谱图综合起来估计，并采用一些滤波算法，则可以更多、更准确、更稳定地进行参数估计，进而提高方法的性能。

5.4.5.3 弯曲杂波处理性能分析

这三类方法中：

第 1 类基于完备参数的方法，具有最好的性能。和当前波束指向紧密结合，充分利用现有参数，准确定位强近程弯曲杂波区，同时尽可能保留支撑区间中非近程杂波中的目标信息，在可能的情况下，可尽量考虑采用这类方法。由于 GPS 和电子地图等给出的速度矢量和真高等信息不可避免地存在延时，当遇到复杂地形或载机复杂运动时，方法性能会显著下降，普适性会受到影响。

第 2 类基于部分参数的方法，考虑到实际应用中较难获取完备的参数，而从谱图中获取速度矢量和真高等的信息，且不存在传感器信息延迟的影响。省去了测高雷达或高分辨力电子地图的相关设备，性能接近于第 1 类方法相比，是工程中很实用的方法。这类方法中，缺少的参数越多，估计参数的代价就会越大，估计的准确性也会显著下降。

第 3 类基于谱图的方法，仅从谱图本身进行处理，不依赖于系统参数，具有较强的普适性。

这三类方法实现时，时间复杂度和空间复杂度依次增大，区域定位的准确性则依次下降，体现了系统参数的数量对近程弯曲杂波定位及处理性能的影响。

参考文献

[1] 陈曾平，张月，鲍庆龙．数字阵列雷达及其关键技术进展[J]．国防科技大学学报，2010，32(6)：1-7．

[2] Liu H, Yang X, Jiang H, et al. The study of mono-pulse angle measurement based on digital array radar[C]. Xi'an, China: IET International Radar Conference, 2013: 1-5.

[3] 杨蓓蓓．一种二维数字阵列雷达的和差波束测角方法[J]．雷达与对抗，2014，34(3)：6-10．

[4] Kondratieva S G,Shmachilin P A. Application of the FFT algorithm in the structure of the digital antenna array to improve the signal-noise ratio[C]. Sevastopol,Crimea,Ukraine:23rd International Crimean Conference:Microwave& Telecommunication Technology,2013:553-554.

[5] 张小飞,汪飞,徐大专. 阵列信号处理的理论和应用[M]. 北京:国防工业出版社,2010.

[6] Richards M A. 雷达信号处理基础[M]. 邢孟道,王彤,李真芳,译. 北京:电子工业出版社,2008.

[7] Tao H. A novel space-borne antenna anti-jammingtechnique based on immunity genetic algorithm-maximum likelihood[J]. Science in China Ser. F Information Sciences,2005,27(2):397-408.

[8] Brennan L,Reed I. Theory of adaptive radar[J]. IEEE Transactions on Aerospace and Electronic Systems,1973,9(5):172-172.

[9] Reed I,Mallett J,Brennan L. Rapid convergence rate in adaptive arrays[J]. IEEE Transactions on Aerospace and Electronic Systems,1974,10(6):853-863.

[10] Brennan L,Mallett J,Reed I. Adaptive arrays in airborne MTI radar[J]. IEEE Transactions on Antennas and Propagation,1976,24(5):607-615.

[11] Klemm R. Principles of Space-Time Adaptive Processing[M]. IEE,London,UK:Institution of Engineering & Technology,2002.

[12] Klemm R. Space-Time Adaptive Processing:Principles and applications[J]. Electronics & Communication Engineering Journal,1999,11(4):607-615.

[13] Klemm R. Adaptive clutter suppression for airborne phased array radars[J]. IEE Proc. F & H,1983,1:125-132.

[14] Klemm R. Adaptive airborne MTI:an auxiliary channel approach[J]. IEE Proc. F,1987,134(3):269-276.

[15] Guerci J R. Space-Time Adaptive Processing for Radar[M]. Boston,London:Artech House,2003.

[16] Ward J. Space-time adaptive processing for airborne radar systems[R]. Lincoln Lab,Mass,Inst Technol,Lexington,MA:1994.

[17] Wang H,Cai L. On adaptive spatial-temporal processing for airborne surveillance radar systems[J]. IEEE Transactions on Aerospace and Electronic Systems,1994,30(3):660-670.

[18] Bao Z,Liao G,et al Adaptive Spatial-temporal Processing for Airborne Radars[J]. Chinese Journal of Electronics,1993,2(1):1-7.

[19] 廖桂生,保铮,许志勇. 机载雷达空时二维自适应处理框架及其应用[J]. 中国科学(E辑),1997,27(4):336-341.

[20] 廖桂生,保铮,张玉洪. 机载雷达时-空二维部分联合自适应处理[J]. 电子科学学刊,1993,15(6).

[21] 廖桂生. 相控阵天线AEW雷达时-空二维自适应处理[D]. 西安:西安电子科技大学,1992.

[22] 王彤. 机载雷达简易STAP方法及其应用[D]. 西安:西安电子科技大学,2001.

[23] 王永良. 新一代机载预警雷达的空时二维自适应处理[D]. 西安:西安电子科技大学,1994.

[24] 吴仁彪. 机载相控阵雷达时空二维自适应滤波的理论与实现[D]. 西安:西安电子科技大学,1993.

[25] 张良. 机载相控阵雷达降维 STAP 研究[D]. 西安:西安电子科技大学,1999.

[26] 杨志伟. 机载/星载正侧视阵列雷达 GMTI 研究[D]. 西安:西安电子科技大学,2008.

[27] 廖桂生,保铮,张玉洪等. 阵元幅相误差对 AEW 雷达二维杂波谱的影响[J]. 电子学报,1994,22(3):116-119.

[28] Wang Y. STAP with medium PRF mode for non-side-looking airborne radar[J]. IEEE Transations on Aerospace and Electronic Systems,2000,36(2):609-620.

[29] 王彤,保铮. 空时二维自适应处理的目标污染样本挑选方法[J]. 电子学报,2001,29(12A):1840-1844.

[30] 王永良,彭应宁. 空时自适应信号处理[M]. 北京:清华大学出版社,2000.

[31] Wang Y,Peng Y. An effective method for clutter and jamming rejection in airborne phased array radar[C]. Boston,MA,USA,USA:Proceedings of International Symposium on Phased Array Systems and Technology,1996:349-352.

[32] 王万林,廖桂生,张光斌. 一种新的相控阵机载预警雷达孤立干扰抑制方法[J]. 电子与信息学报,2005,27(2):278-282.

[33] 苏卫民,孙泓波,顾红,等. 两种机载雷达的地杂波模型与仿真方法[J]. 兵工学报,2002,23(3):324-328.

[34] Melvin W L. A STAP overview[J]. IEEE Aerospace and Electronic Systems Magazine,2004,19(1):19-35.

[35] Wicks M,Wang H,Cai L. A comparative study of clutter rejection techniques in airborne radar[C]. Washington,DC,USA:Proceedings of NTC-92:National Telesystems Conference,1992:1-6.

[36] Brennan L E,Piwinski D J,Standaher F M. Comparison of space-time adaptive processing approaches using experimental airborne radar data[C]. Massachusetts,USA:IEEE International Radar Conference,1993:176-181.

[37] Farina A. Non-linear Non-Adaptive clutter cancellation for airborne early warning radar[C]. Edinburgh,UK:IEE radar 97,1997:420-424.

[38] Park S,Sarkar T K. A blind least-squares approach to STAP using MCARM data[C]. Pacific Grove,CA,USA:Conference Record of the Thirty-Second Asilomar Conference on Signals,Systems & Computers,1998:1552-1556.

[39] Titi G,Marshall D. The ARPA/NAVY Mountaintop Program:adaptive signal processing for airborne early warning radar[C]. Atlanta,GA,USA:IEEE Int Conf Acoust Speech Signal Process Proc,1996:1165-1168.

[40] Guerci J R. DARPA KASSPER overview[C]. Clearwater,Florida,USA:Proc. 2004 DAPAR workshop on KASSPER,April 2004:5-7.

第 6 章 数字阵列雷达技术应用分析

6.1 数字阵列陆基雷达

6.1.1 数字阵列陆基雷达应用

6.1.1.1 可移动式超视距雷达[1-2]

可移动式超视距雷达(ROTHR)是一种采用了数字波束形成技术的战术超视距后向散射雷达,工作在 HF 频段(2~30MHz)。ROTHR(美军命名型号为 AN/TPS-71)原是 Raytheon 公司为美国海军所研制的,主要用于对飞机和船只进行广域超视距监视。系统可根据需要进行整个覆盖区域的监视及跟踪、特定区域的聚束式探测,或进攻飞机数目的估计。系统的发射机、接收机和操作控制中心可重新进行部署,皆设计成方舱形式,便于用车辆、飞机和轮船运送到新的场地。ROTHR 超视距雷达发射、接收站分别如图 6.1 和图 6.2 所示。

图 6.1　ROTHR 发射站(见彩图)　　图 6.2　ROTHR 接收站(见彩图)

ROTHR 由接收站、发射站和操作控制中心 3 个不同的单元组成,是一双基地雷达系统。接收站与发射站可以相距 100km 以上设置。发射站按操作控制中心指令提供雷达照射,产生用于后向散射雷达和竖直声探测仪的波形。在

5~28MHz频带内固态发射系统功率为200kW,形成64°以上的照射扇区,覆盖了926~2963km的距离。由于较长的发射波长,雷达天线有60m高。接收站收集后向散射能量,完成必要的环境测量和目标跟踪任务。ROTHR接收阵为长2.6km的相控阵,共由372个单极子对组成。每个单极子对后接一个接收机和一个A/D变换器。数字波束形成器形成18个波束,并进行多普勒处理以便从地杂波中区分出动目标。接收系统采用了2个先进的信号处理器来处理数字化距离、方位和多普勒频移数据,一个完成目标检测,另一个完成环境测量。

6.1.1.2 多功能电扫自适应雷达[3-10]

多年来,Siemens Plessey系统公司一直与英国国防评估与研究局(DERA)合作研究多功能电扫描自适应雷达(MESAR)。MESAR是一部采用了数字波束形成等先进技术的雷达,具有实时多功能能力,具体有:

(1) 以适当的波形、搜索速率对不同的监视扇区进行搜索;
(2) 探测并通过回扫迅速确认目标点迹;
(3) 利用快速点迹更新率达到起始的跟踪精度,实现快速航迹起始;
(4) 利用自动自适应波形和航迹更新率实现对多个非相关目标的跟踪;
(5) 在严重干扰条件下也能工作。

MESAR工作在S波段(E/F波段,2~4GHz),是一种操作性能好、全程控、自适应有源相控阵雷达。雷达天线为S波段固态有源阵,有918个波导辐射单元,每一单元是用"蝴蝶结领带"状的激励器来馈电。这种简单的结构设计使得生产型阵列价格降低,阵列本身重量减轻。整个阵面用玻璃钢构成,然后对其喷涂金属以得到导电性能良好的表面。阵面上覆盖有一层热塑聚碳酸酯,它使阵列与周围环境隔离。采用了数字波束形成、部分自适应阵、可编程波形产生及可编程信号处理技术。放大和移相后把各组相邻单元信号通过微带线合成网络进行合成。整个阵列分成16个子阵,每个子阵接一个接收机,信号在接收机中进行下变频、放大、滤波和再下变频成基带信号后,送入8位A/D变换器。每路数字化信号的输出与复数加权系数相乘。

在多年研究的基础上,MESAR获得了极大成功,是目前世界上性能比较先进的数字波束形成实验雷达,其实际性能超出了起初对它的要求,展示出许多传统雷达系统所没有的特点和性能。MESAR具有很广的应用范围,目前在MESAR技术基础上,正在开展的研究项目有:用于主导弹防空系统(PAAMS)的舰载Sampson雷达、Sampson的单面派生型Spectar、用于支持扩大空中防卫和弹道导弹防御(BMD)的地面型MESAR2(最终为Commander-S),以及同美国合作研究的宽带自适应数字波束形成雷达等。测试中的MESAR天线如图6.3所示。

图 6.3　测试中的 MESAR 天线（见彩图）

6.1.1.3　"长颈鹿"系列雷达（图 6.4）

Saab 公司的"长颈鹿"防空雷达为 G/H 波段多普勒中程侦察雷达，用于地面防空，也称为陆基多功能侦察雷达。完整的系统安装在标准的 20 英尺集装箱内，由三轴卡车运输。适合安装的 6 轮卡车包括：SBAT-111S、依维柯-玛吉鲁斯 232D16 和 ANWM、MAN LX90、戴姆勒-克莱斯勒 10 吨卡车。

"长颈鹿"40 可以配合"毒刺"和 SAM-7/14 导弹以及小尺寸和中等尺寸口径的防空火力系统使用。系统有效探测范围 40km，可以同时追踪 9 个目标。系统包括一个 13m 高的天线杆、宽带行波管发射装置、G/H 波段运作模式、捷变频率和高级 MTI 滤波装置、杂波地图、低天线副瓣、手动作战控制和快速反应时间等。最出名的能力是可以探测直升机。

"长颈鹿"50AT 可以安装在各种越野车上，在恶劣地形中工作，如沼泽或山区。它是一种改进型"长颈鹿"40，只是探测范围更广、抗杂波能力更高、探测和反应时间更短。天线高 7m，可以在 15min 内完成部署。它比原来的陆基"长颈鹿"更方便携带，雷达抛物面的设计有所不同。有效探测范围 50km，可以同时自动追踪和探测 20 个目标。

"长颈鹿"75 可以支持中程和近程防空系统，在这个范围内，双方的电子对抗和战斗控制能力都受到限制。系统的战斗控制功能包括：追踪激活、追踪、目标辨认、分类和威胁评估等。数字化多普勒处理采用恒定虚警率技术自动筛选、探测和显示目标。系统探测范围为 75km，具备同时自动化探测和追踪 20 个目标的能力。也有自动评估和反应能力。其他功能类似于"长颈鹿"50AT。

"长颈鹿"100 的最大探测范围超过 100km，而且改进后的指挥和控制功能可以比目标搜索感应装置更好地执行侦察。

"海岸长颈鹿"是为了探测和监控海上交通而设计的。由几个沿海站点组成一个探测链，彼此重叠的雷达区域保证可以覆盖整个地区。从任何雷达站点提取的目标数据都可以向作战中心提供。该系统的特点是具备高大的天线杆,增强的低空侦察能力和局部高空覆盖范围。

"长颈鹿"捷变多波束(AMB)雷达探测范围100km,最大探测高度6096m,因此,该雷达同样可以探测炮兵火力、直升机、无人机等小型目标。

图 6.4 "长颈鹿"雷达(见彩图)

6.1.2 数字阵列陆基雷达优势分析

军事目标属性的变化促使地基雷达的作战任务必须做相应的改变,新一代地基雷达应该具备可同时对飞机和导弹等多种类型、多个目标进行搜索和跟踪,并具有武器控制能力。未来采用数字化技术的新型多功能雷达可根据任务要求进行任意扩充和组合,既能用于战略级装备,又能用于战区级装备。通过灵活的数字处理和对雷达的时间、能量和频率等资源进行合理的调配,使得雷达具有高的探测性能和优异的抗干扰能力。

作为现役地面防空情报雷达研制的巅峰之作之一,法国 Thales 公司研制的 Master 系列雷达是防空反导一体化的多任务雷达,可提供防空模式下的空域搜索和反战术弹道导弹模式下的空域探测,是法国对空监视的重要雷达系统装备。而如今,Master 系列中的 M3R 雷达已向全数字雷达和多基地工作模式迈进。M3R 雷达在模拟电路控制辐射单元的子阵内分隔接收孔径,通过合并和数字化,在子阵组合级数字化形成同时波束。模拟组合硬件被淘汰了,取而代之的是数字子阵形成,它所支撑的新能力是:

(1) 高度重叠的子阵(栅瓣急剧减少,消除了波形损耗);

(2) 最佳数字子阵加权,用于副瓣与损耗最小化;

(3) 可编程子阵加权,可在脉冲串与脉冲串之间转变;
(4) 每个辐射单元拥有多个控制子阵辐射方向的移相器;
(5) 完成天线校正更简单,因为所有单元可并行测量。

无论是单元级还是子阵级的数字化,或者发生在若干模拟波束形成之后的数字化,最后的波束形成处理任务都是重要的。但是现在,随着摩尔定律的向前发展,可以用更经济的价格轻易完成数字波束形成要求增加的信号处理。而M3R 雷达固有能力提供的另一潜在优势就是可以组网模式和多基地模式工作,即仍可以高机动系统形式来获取更远距离弹道导弹的探测与跟踪能力。M3R 雷达研制项目是一项影响很大的新概念与新结构研制工程。收发功能分置不仅降低了功率损耗,而且构建了未来数字阵列研制的路线图。可以肯定,M3R 项目已向未来全数字波束形成、数字发射功能和相干多基地工作的地基雷达方向迈出了一大步。

6.2 数字阵列海基雷达

6.2.1 数字阵列海基雷达应用

1) MW08 舰载雷达[11,12]

MW08 雷达由荷兰 Signaal 公司(现为 Thomson – CSF 的一个分公司)研制,该雷达为 G 波段三坐标中近程对空和对海目标截获与跟踪雷达。

MW08 雷达主要用于对付飞机和反舰导弹的威胁,并为舰上武器系统对付海面目标提供火控。MW08 雷达前端采用一微带阵列天线,数据处理采用数字波束形成技术。由于采用快速傅里叶变换的数字波束形成器,并进行多普勒处理和跟踪,具有很低的副瓣和良好的抗干扰性能。该雷达系统的目标探测、空中航迹起始、目标跟踪及机内测试(BIT)等功能全部自动化进行。海面航迹起始可以人工或自动完成。MW08 雷达能够同时跟踪近 160 个空中目标和 40 个海面目标,航迹数据可以传送至指挥与控制系统,如果需要还可通过数据总线或内部计算机接口传送至武器调度控制台。

目前,葡萄牙"Vasco da Gama"舰、土耳其"Kilic"舰、荷兰"西格玛"级轻型护卫舰(图 6.5)以及"卡亚"级轻型护卫舰(图 6.6)等舰船都装备了 MW08 雷达。

2) SMART – L 舰载雷达[13-17]

SMART – L 雷达是荷兰 Signaal 公司研制的又一部采用数字波束形成技术的舰载三坐标雷达。SMART – L 雷达为 D 波段远程三坐标多波束空域搜索雷达,其设计遵循北约空域搜索雷达的规范。该雷达采用数字波束形成等最先进的技术,能在严重的杂波和干扰环境中有效地对付导弹、飞机及海面威胁。

图 6.5　"西格玛"级轻型护卫舰（见彩图）　　　图 6.6　"卡亚"级轻型护卫舰（见彩图）

SMART-L 雷达天线由 24 行线阵（图 6.7）组成，接收时使用全部 24 个线阵，发射时只使用 16 个线阵。通过控制 16 个线阵射频能量的相位，可对辐射方向图形状进行控制。接收到的雷达信号首先在 24 个接收通道进行前处理，各行信号进行下变频和脉冲压缩，并由 12 位 20MHz 的 A/D 变换器数字化，然后送入数字波束形成网络，在仰角上形成 14 个独立的波束。这 14 个实现 0°~70°的全仰角覆盖，提供了目标的仰角测量。波束形成器的输出通过多普勒处理器做进一步处理，从而提取目标多普勒速度以进行杂波抑制、快速可靠的航迹起始和维护等。SMART-L 雷达目标显示画面如图 6.8 所示，SMART-L 雷达如图 6.9 所示。

 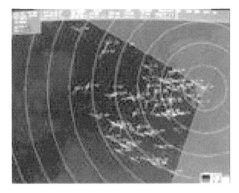

图 6.7　SMART-L 雷达天线的　　　图 6.8　SMART-L 雷达目标显示
　　　24 行线阵（见彩图）　　　　　　　　　画面（见彩图）

该雷达装备于"七省"级护卫舰（图 6.10）、"萨克森"级护卫舰、"伊丽莎白女王"级航空母舰、"地平线"级护卫舰、"独岛"号两栖攻击舰、"伊万·休特菲尔德"级护卫舰、45 型驱逐舰等多种舰船上。

图 6.9　SMART–L 雷达　　　　图 6.10　配备 SMART–L 雷达的
　　　（见彩图）　　　　　　　　　　"七省"级护卫舰（见彩图）

3) SMART–S 舰载雷达

荷兰 Signaal 公司的 SMART–S 雷达(图 6.11)是一部 S 波段海军中远程空中和地面监视三维多波束无源电子扫描阵列雷达。SMART–S MK2 推出后仅仅 6 年,便有 30 套系统被世界各地的海军所采购。该系统具有两种工作模式:中距离探测为 150km(81 海里)每 27 转;远距离探测为 250km(130 海里)每 13.5 转。

"卡雷尔多尔曼"级护卫舰、"阿布萨隆"级支援舰、"赫姆斯科克"改型护卫舰(图 6.12)等多种型号装备有该型雷达。

图 6.11　SMART–S 雷达(见彩图)　　图 6.12　配备 SMART–S 雷达的
　　　　　　　　　　　　　　　　　　"赫姆斯科克"改型护卫舰(见彩图)

4) OPS-24 舰载雷达

OPS-24 是舰载三维空中搜索雷达(图 6.13),采用有源相控阵(AESA)技术。该雷达由 TRDI 开发,并由三菱电气公司制造,此为一款 D 波段雷达,其波束能在垂直方位实施电子扫描,并以旋转基座来改变波束的水平方位。OPS-24具备对空/平面搜索、目标搜索标定以及对防空导弹实施中途导引的能力,最大搜索距离为210km,对低空目标搜索距离40km,能同时追踪150个目标。除了主力防空舰的"宙斯盾"系统以外,日本的新型多用途驱逐舰基本上都装备了该雷达。以 OPS-24 的性能搭配 OYQ-9 的强大数据处理能力,使得"村雨"(图6.14)和"高波"两级多用途驱逐舰虽然不是防空驱逐舰,但仍具备一定的战场空域监控能力。

图6.13　OPS-24 雷达
（见彩图）

图6.14　配备 OPS-24 的"村雨"级
多用途驱逐舰（见彩图）

5)"海长颈鹿"舰载雷达

"海长颈鹿"雷达(图6.15)是易利信微波系统公司(2006年并入绅宝公司)从陆基"长颈鹿"雷达衍生的多用途海上监视雷达,整合绅宝公司在海军雷达领域的经验。

雷达采用立体捷变多波束(AMB)技术,可选择天线转速、仰角、测距等性能,引进数位化波束成型技术,可控制脉冲波形、脉冲重复频率(PRF)和脉冲宽度,抑制来自岛屿、海湾等近岸环境的杂波干扰。主要用于对空与对海的搜索追踪,兼具目标识别、导航与射控支援等功能。雷达工作在 G/H 波段,正常搜索模式为30r/min,对空搜索时增至60r/min,最高侦测仰角70°,侦测距离根据不同模式,分别为40km、100km 和180km,可同时追踪400 个水面目标、200 个空中目标和50 个干扰源。可持续侦测、识别来自各种方位与高度的小型高速目标,如掠海飞行或大角度俯冲的反舰导弹、无人机或直升机,并可侦测海面上的高速小艇、潜艇潜望镜等,同时具备电子反干扰功能。雷达连同平台,全质量仅660kg,也是目前最先进的小型舰载监视雷达之一,获得十余国海军舰艇选择安装,涵盖导弹快艇到"堪培拉"级这样的大型两栖舰,也安装于美军"独立"级濒海战斗舰(图6.16)、瑞典"维士比"级等隐身作战舰。

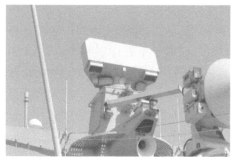 

图 6.15　"海长颈鹿"雷达(见彩图)　　图 6.16　配备"海长颈鹿"的"独立"级濒海战斗舰(见彩图)

6) Sampson 舰载雷达[18]

Sampson 有源相控阵雷达(图 6.17)由英国宇航防务公司负责研发,是"多功能电扫自适应雷达"(MESAR)的舰载版本,沿用了其"自适应"功能,可依工作环境进行自我调整以提高精确度。雷达工作频率为 E/F(S)波段,采用了双面旋转阵列天线,内置于碳纤维复合球形抗风雨雷达罩内,每个阵面包括大约 2600 个辐射单元(每个砷化镓收/发模块有 4 个通道)。该雷达能够提供监视、跟踪和导弹中程制导支持。最大侦测距离为 250km,可同时追踪 500 个目标,并同时接战 12 个目标。为提高对目标的辨识能力,未来还可能衍生出增加使用 X 波段与具备 NCTR 技术的衍生型。Sampson 雷达应用于 45 型驱逐舰(图 6.18),可作为"大力神"PAAMS 导弹垂直发射系统的火力控制,导引"紫菀"Aster – 15/30 导弹拦截目标。

图 6.17　Sampson 雷达(见彩图)　　图 6.18　配备 Sampson 的 45 型驱逐舰(见彩图)

6.2.2　数字阵列海基雷达优势分析

现代战争中有来自空中、水面、水下和陆地等多层次多方位的攻击,为了满足水面舰艇编队防空反导区域防御、点防御和末端防御的需求,可通过数字化技术对雷达与电子战设备进行一体化设计,提高系统的反应能力、协同作战和自身防卫能力。数字阵列体制雷达系统重量较轻,对舰船平台设计要求降低,大大增加收/发组件,提高波束聚束能力,提高带宽,可以架得更高看得更远,且具有良好的硬件重构和软件重组能力,可以根据不同舰船平台的需求,快速组建出适合平台作战需求的雷达装备。采用高可升级的开式体系结构。旨在对付能力不断提高的各种威胁,包括隐身目标、反舰巡航导弹、远程弹道导弹和先进干扰手段。同时,还可以解决传统舰载电子设备需要面对的空间不足、电磁兼容等问题,并具有较强的对抗反辐射导弹以及电子对抗能力[19]。

以美国宙斯盾系统为代表,其反应速度快,相控阵雷达从搜索方式转为跟踪方式仅需 $50\mu s$,能够拦截高性能飞机和超声速反舰导弹。雷达具有 360°全方位全空域内自动跟踪 200 批目标的能力,以及能同时拦截空中 12~16 批目标的能力。抗干扰能力强,可以在严重的电子干扰(包括消极和积极干扰)、海杂波以及恶劣气象环境下正常工作。系统可靠性高,能够在无后勤保障的情况下,在海上可靠地持续工作 40~60 天。采用模块化结构,配置灵活。AN/SPY-1 相控阵雷达具有主瓣窄、增益高、副瓣低,而且采取了副瓣消隐和副瓣对消技术,加上相控阵天线自身的多波束扫描功能以及接收机脉冲压缩技术和动目标显示技术的运用,进一步加大了干扰的难度,对方必须采取相应的对抗策略,才能形成有效的干扰。

6.3 数字阵列空基雷达应用与分析

6.3.1 数字阵列空基雷达应用

1) E-2D "先进鹰眼"[20-22]

E-2 "鹰眼"是诺斯罗普·格鲁曼公司为美国海军舰队专门设计的预警机,在美国海军航空母舰编队中担任空中预警和指挥任务,被誉为美国海军航空母舰编队的空中神经中枢。从 1960 年至今,E-2 系列经历了基本型、Group 0 型、Group Ⅰ型、Group 号Ⅱ型、"鹰眼 2000"和"先进鹰眼"6 个主要发展阶段。按照美国海军计划,现役 E-2C 预警机将于 2015 年开始退役,估计最终服役持续到 2020 年左右。为此,多年来,针对 2020 年以后的 E-2C 后继机型,美国的各大军工企业提出了多种替代方案,但最终还是确认了 E-2C 升级计划并把这一升级计划称作 E-2D "先进鹰眼"(AHE)(图 6.19)计划。

洛克希德·马丁公司研制的 AN/APY-9 雷达系统(前称 AN/ADS-18)是 E-2D "先进鹰眼"的核心部件。该雷达采用一部功率更高和作用距离更远的固

第6章 数字阵列雷达技术应用分析

图 6.19 E-2D "先进鹰眼"(见彩图)

态发射机和一部采用数字波束形成(DBF)技术的数字接收机。天线设计也比较独特:L-3 通信公司研制的超高频(UHF)有源相控阵(AESA)天线,它包括一个 18 通道旋转耦合器和一个 36 单元的敌我识别(IFF)天线。其中 IFF 天线使用了一个双通道(和差)旋转耦合器和一个波束形成网络功率/控制滑环组件。与现有系统的不同之处在于新雷达在方位上既可进行机械扫描,同时也可以进行电子扫描,因此雷达更加灵活。其天线可以完成 360°机械扫描、机械加电子扫描(同时)和纯电子扫描(旋转天线罩固定时,可将更多能量集中于一个目标)。所有天线组件都放置于一个采用宇航结构研制的天线罩内,该天线罩的中间和后面部分由环氧石墨复合材料构成。该天线罩也为容纳卫星通信天线预备了空间。

AN/APY-9 雷达在"鹰眼 2000"的能力上改进了对地面和沿海的观测能力,并通过 STAP、电扫和机扫相结合的方式强化这种能力。据称同 AN/APS-145 雷达相比,其探测空域增大了 250%,作用距离增加了 50%,达到了 650km。此外,雷达与固态天线阵列的接口可使用数字信号处理和 STAP 优化雷达的性能,抑制地面和沿海地带的干涉与杂波。而且,由于采用了先进的超高频雷达技术,对于距离更远、体积更小的目标探测辨别能力,对战场监视和导弹防御方面的能力同前几代 E-2 相比,出现了脱胎换骨的变化。

美国的 E-2D 就是数字阵列雷达的代表之一,E-2D 和 E-2C 的主要改进就是雷达的升级换代,其雷达采用数字阵列雷达后,先进的算法如 STAP 处理等得以应用,使得 E-2D 能在复杂环境下有效探测目标(能在陆地背景下工作,而以前的 E-2C 基本不能在陆地强杂波背景下工作)。

2) TRDI 共形 DBF 雷达[23-24]

日本防卫厅技术研究开发所(TRDI)同东芝、NEC 等公司多年合作,开发了多种相控阵雷达系统。1991 年 TRDI 就开始研制采用数字波束形成技术的机载雷达,共研制了 A、B、C 型 3 种不同形式的共形天线。A 型(球面型)(图 6.20)用于飞机机首,B 型(多弯曲面型)(图 6.21)用于机身,C 型(非对称柱面型)

(图 6.22)用于机翼。每种形式的天线使用约 600 个收/发组件。日本东芝公司还对数字波束形成雷达的关键技术进行了深入研究,主要有中频直接取样检测、Systollic DBF 结构、自适应波束形成技术等。

图 6.20　球面型共形阵(A 型)　　图 6.21　多弯曲面型共形阵(B 型)　　图 6.22　非对称柱面型共形阵(C 型)

3) 阵风 RBE2 有源相控阵雷达

相比于传统天线雷达,RBE2 雷达具有环境感知、早期预警、多目标跟踪,同时多模式工作等特点,可以全方位进行多空中目标探测和跟踪、全天候干扰环境长距离探测,以及近距离格斗等。RBE2 可以为地形跟踪提供实时三维地图成像,为导航定位提供实时高分辨力地形测绘图像,能够实现海面多目标探测及跟踪。

6.3.2　数字阵列空基雷达优势分析

在机载雷达中,地杂波强且存在着空间谱和多普勒耦合现象,采用空时自适应处理(STAP)可以有效地消除这些地杂波。STAP 处理需实时、自适应进行,其处理的最佳选择是雷达系统保留每个单元信号的幅度、相位信息。由于数字阵列雷达是对每个单元进行 A/D 处理,这为 STAP 处理创造了条件,所以 DAR 是先进多功能机载预警雷达的发展方向。随着超大规模集成电路的迅速发展,为空时自适应权值的精确控制和处理速度的提高提供了条件,从而为 STAP 的实际应用提供了强有力的保证。另外,宽带数字阵列也是未来先进机载预警雷达的发展方向之一。宽带可以提供更多的目标信息,实现对空探测和对地探测相结合、目标探测和目标识别相结合、多目标探测和多目标跟踪相结合等。美国近年来发展的 E-2D"高级鹰眼"预警机,其雷达采用多通道相控阵天线和数字式接收机等新体制,同时也是率先采用 STAP 技术来提升杂波抑制能力的先进装备。E-2D 是 E-2C"鹰眼"预警机升级换代产品,是为了适应不断扩大的预警观测区域和日益复杂的电磁环境、提高远距离弱小目标检测能力、提高预警雷达的杂波抑制能力而设计的。

6.4 数字阵列天基雷达应用与分析

相对于 DBF 技术在地基和空基目标探测雷达系统中的应用，DBF 技术运用于星载系统研究晚一些。Marwan Younis 等指出数字波束形成技术是星载 SAR 的技术发展趋势，并针对板式天线和反射面天线 2 类 DBF SAR，从天线方向图、距离模糊、方位模糊、等效噪声后向散射系统(NESZ)、波束展宽损失等方面进行了仿真比较。Jeich Mar 等提出一种基于软件无线电的小卫星 DBF SAR 实现方案。系统采用软件无线电的思想，用一片 FPGA 构建处理模块，并通过模式切换实现硬件共享，从而减少了卫星的尺寸和功耗。德国宇航中心基于 DBF 概念提出了一些新的 SAR 系统架构，可采用数字阵列板式天线和带数字阵馈源的反射面天线，以实现宽观测带高分辨力成像。用一种混合模式，通过 DBF 技术实现不同分辨力，兼顾大场景成像和小范围高分辨成像的需求[25-32]。

天基预警雷达系统主要针对战略轰炸机/隐身战机机群、主动段/中段的弹道导弹、临近空间目标、航空母舰战斗群、地面目标等战略目标进行远程预警，为战略指挥机构提供更全面的情报决策信息。由于空基、海基以及陆基等预警监视系统受到国家疆(海)域的限制，雷达系统高度受到限制，探测距离和范围有限。天基预警雷达装备居高临下，具有其他预警手段无法比拟的功能优势，弥补常规雷达无法涉足的监视空域，是实现远空远海目标远程发现、及早预警的有效手段。

卫星平台给天基预警雷达带来以上优势的同时，也使预警雷达载荷面临前所未有的挑战。卫星平台高速运行、下视工作、主瓣打地同时也带来了强能量、宽频谱的杂波干扰，在频域上没有清洁区，低速微弱目标常常淹没在杂波中难以检测。相比于机载系统，波束覆盖范围大，杂波的距离-多普勒模糊更加严重，还受到地球自转的影响，杂波特性更为复杂。且由于视场范围大，更容易受到复杂电磁环境的影响。公开资料显示，目前世界范围内还没有天基预警雷达。

而将数字阵列雷达体制应用到天基预警雷达系统中是解决上述难题的有效途径。数字阵列雷达可以提供更多的自由度，有利于形成更多的凹口抑制复杂的杂波和干扰，从而保证天基预警雷达有效检测目标。此外，数字阵列体制具备超低副瓣能力以及大动态范围，具备同时/分时多任务能力，因此，更易于满足天基雷达实现各类目标远程探测的多样化的任务需求，实现功能扩展，提高天基雷达系统的时效性。

6.5 数字阵列雷达发展展望

6.5.1 随机数字阵列雷达

随机数字阵列雷达，也称为机会数字阵列雷达，是以平台隐身性设计为核心,以数字阵列雷达为基础,兼具多功能、多模式的一体化新概念雷达系统。随机数字阵列雷达是在雷达数字化程度不断提高,数字阵列雷达研究工作不断深入的基础之上,为满足 21 世纪新的作战要求如隐身性、多功能性等提出的新体制雷达概念。这一新概念雷达体制目前还处于发展初期,但其所具有的应用潜力和研究价值已引起多方关注。

随机数字阵列雷达与传统的雷达设计理念有很大区别,如图 6.23 所示,这种随机性理念可表现为以下几个层次:

(1) 单元与收发组件随机分布:随机并不代表杂乱无章,单元可分布于平台表面也可在平台内部,可共形设计也可非共形设计,可稀疏分布也可是均匀的。

(2) 单元的工作状态是随机的:各个单元的工作状态是随机的,有选择性地工作或关闭,这将利于获取更好的波束形状和更大的天线孔径,也可获得较好的雷达隐身性。

(3) 执行的战术任务是"随机"的:由于随机数字阵列雷达拥有密布于 3D 空间的数量众多的天线单元,其数字波束形成的灵活性强,可根据战术需求和战场环境的变化调整其工作状态,而非恒定的工作状态。

(4) 雷达的工作模式是"随机"的:雷达自身具有对战场环境的感知、评估能力,结合雷达的战术要求,可自适应选择最佳的工作模式,例如搜索与跟踪模式、多输入/多输出模式等。

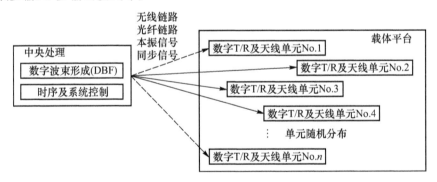

图 6.23　随机数字阵列雷达系统架构

相比于传统的雷达设计,随机数字阵列雷达具有更大的潜在优势。随机数字阵列雷达突破了传统平面阵的口径限制,具有与平台相当的照射孔径,因此可用较少的积累周期获得较高的信噪比和作用距离。而且,其波束形成具有极大的灵活性、实时性和鲁棒性。随机数字阵列雷达还具有很强的平台隐身性能和生存能力,低的截获概率和单元失效率、极强的角分辨力和目标检测能力。

当然,随机数字阵列雷达的发展也面临很多技术难题:

(1) 先进数字 T/R 组件:为满足随机布阵的需求,数字 T/R 组件应包含无线数据传输功能,并要实现高度集成化和轻量化等要求。

(2) 波束综合:随机数字阵列雷达单元数目众多,波束综合非常困难,要设计更为先进和智能的算法实现大量离散参数的优化。

(3) 海量数据的传输问题:随机数字阵列雷达分布在平台各处的海量数据收发,如本振信号、定时信号以及雷达回波等,均需通过无线/有线链路网络与中央处理器进行通信,这给短距离无线通信技术提出了新挑战。

(4) 信号同步与均衡:由于单元的随机分布,阵元信号的不同步造成的相位误差将会影响系统信噪比,且对天线的副瓣电平、波束指向等指标均会有不同程度影响,所以使平台各个阵元保持同步工作是需要解决的技术难题之一。

6.5.2 数字阵列雷达发展构想[33-36]

随着微系统技术和数字技术的紧密结合,雷达的体系结构将会发生重大变化,正在酝酿着雷达领域新的革命。数字阵列雷达以其灵活的工作方式、卓越的抗干扰性能和超角分辨性能,吸引越来越多的人开展相应的理论研究和工程应用研究。随着微波技术和数字信号处理技术的发展,数字阵列雷达必将是未来相控阵雷达的发展主流。因此,未来的数字阵列雷达技术将向何处发展是目前雷达界关注的热点。

未来数字阵列雷达发展构架,即数字阵列雷达将由微波子系统和高性能计算平台组成,两者之间通过无线链路连接,如图 6.24 所示。微波子系统,也就是集成收/发组件和天线单元的高度集成微波模块。高性能计算平台,也就是通用数字信号处理机。高度集成的数字阵列模块(DAM)可以规则或者随机分布,可嵌入作战平台表壳或内部空间,除了需要基本功率外没有其他硬件电路连接,所有的控制信号和数字化信号都通过无线方式在阵元和高性能处理平台之间传

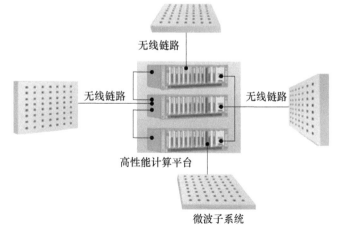

图 6.24 未来数字阵列雷达体系结构(见彩图)

输。该雷达体系构架集中了雷达、通信领域的先进数字化技术,涵盖了雷达、通信、电子战、计算机、光电子、微系统技术等多学科领域,具有广阔的发展空间。未来雷达利用通用硬件平台,可以通过不同的软件编程实现单部雷达的多功能化,可以通过网络软件实现多部雷达的组网以及对节点雷达体制、工作方式、工作频段、信号参数和处理方法实施可编程控制。通用、灵活、高性能、低成本的软件化雷达将是数字阵列雷达的发展方向。同时,数字阵列雷达将逐步向更高的频段(甚至毫米波段)扩展,这样将使得雷达阵列系统具有鲁棒、可扩充、可重构等特性,从而更好地应用于不同的领域和作战平台。

为了实现上述构想,需要针对数字阵列雷达开展以下研究。

1) 高集成度数字阵列模块研究

数字阵列雷达系统的设计有别于传统相控阵雷达,可进行模块化设计,可根据任务需求选择适当数量的单元或模块进行任意的扩充组合。未来数字阵列雷达构架实现的基础是 DAM 技术的发展,DAM 需要在目前架构的基础上继续演进。阵列模块由若干数量的收/发单元组成,每个收/发单元包含波形产生、混频、功率放大和采样等部分,并可附加天线辐射单元。收/发单元以及阵列模块的一体化设计提高了系统的集成度,减小了系统尺寸,降低了系统的重量。因此,数字阵列天线的结构设计以及高集成度可扩充阵列模块的设计制造都是 DAR 的核心技术。

2) 高性能计算模块研究

高性能计算模块在具有超高的运算能力基础上,通过扩展其 I/O 吞吐数据量的能力,为数字阵列雷达向超宽带发展提供条件。

3) 通过制定 DAR 的通用设计标准,进一步推广 DAR 的应用领域

在 DAR 系统中,数字天线阵列(DAA)是诸多特征一致的数字收/发单元的集合,天线的输入、输出是一些数字化的信息,数字天线阵列几乎包含了雷达系统的全部。特征一致的数字收/发单元如同一个标准的功率放大器可供未来雷达系统设计师选用,设计师可根据需要设计出不同的雷达。要做到这一点,必须制定标准的 DAR 设计规范和相应的物理接口标准。

4) 通过系列化设计进一步降低成本

成本问题一直是限制相控阵雷达系统工程应用的一个因素,在未来的数字阵列雷达发展中,通过在频段上对数字阵列收/发单元进行划分,在结构和接口上探索与制定数字阵列收/发单元相应的标准,使得数字阵列收/发单元适宜进行大规模的生产制造,可从根本上降低雷达系统的成本。

6.5.3 展望

现代微系统技术的革新,为未来数字阵列雷达的发展提供了条件。随着近

年来新型半导体器件、多功能芯片、新型材料、先进的集成和封装技术、高效开关电路等的迅速发展,未来数字阵列雷达在体制、功能、造价等方面将会取得飞跃性的突破。在微系统技术的支持下,数字阵列雷达应用上向多功能化扩展,技术上以理想阵列为目标。理想阵列的特点可以从系统体制、集成方式、发射通道、波束形成、接收通道等几个方面考虑。在结构方面,理想阵列可升级、可重构,利用宽禁带高效电路,实施具有良好的嵌入式散热管理方式,使得系统重量更轻、体积更小;采用新材料、新器件使得系统成本更低;理想阵列的发射通道具有大功率、带宽宽、高 PAE 的特点,功率密度的提高和宽禁带器件的效率将有利于提高峰值功率,增加作用距离,易于探测隐身目标;在波束形成方面,可以形成多个独立的发射波束和接收波束,波束指向可快速变化,波束形状也可以根据工作方式的不同而加以灵活变化,幅相控制精准,速度同步,抑制边带;理想阵列的接收通道具有噪声系数低、动态范围大、功耗低等特点。

未来微系统将成为数字阵列雷达的基本形态,数字阵列雷达将呈现出微系统化、多功能、一体化、智能化和网络化的技术特征,最终实现分不清雷达、通信与电子战,分不清整机系统与元器件(DAM 将成为一个微系统),分不清天线、收/发与信号处理各个子系统,分不清传感器与平台。

数字阵列雷达本身不仅具有低副瓣、大动态、波束形成灵活等特点,而且其采用开放式的、通用化的体系结构,具备良好的升级和扩展能力,易于维护、技术更新和保障,因此在不久的将来必将广泛应用于地面、机载、舰载、星载、临近空间飞行器、浮空平台等各种平台环境,实现预警、监视、火控、制导、通信、电子战等多种功能,形成数字阵列雷达在各领域的系列化发展。未来多应用平台如图 6.25 所示。

 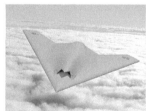 

(a) 新型战舰　　　　(b) 无人机平台　　　　(c) 平流层飞艇平台

图 6.25　未来多应用平台(见彩图)

数字阵列雷达在民用领域同样有着广阔的应用前景,例如数字气象雷达、数字空中交通管制雷达、微波遥感合成孔径雷达、警用测速雷达、航天探测器雷达等。数字阵列雷达技术还可推广应用于无线通信、声纳、超声成像等民用领域。

参考文献

[1] Ferraro E, Ganter D. Cold War to Counter Drug[J]. Microwave Journal, 1998, 82(3):82-92.

[2] Ferraro E, Burcknam J. Improved Over-The-Horizon Radar Accuracy for the Counter Drug Mission Using Coordinate Registration Enhancements[C]. Syracuse, NY, USA:1997 IEEE National Radar Conference, 1997:132-137.

[3] Moore A R, Salter D M, Stafford W K. MESAR (Multi-function, Electronically Scanned, Adaptive Radar)[J]. IEE Radar-97, 449:55-59.

[4] Salter D M. MESAR-The Plessey/ARE Adaptive Phased Array Demonstrator[C]. London, England:Conference Proceedings of Military Microwaves'88, 1988:527-532.

[5] Billam E R, Harvey D H. MESAR-An Advanced Experimental Phased Array Radar[C]. London, England:International Conference Radar 87, 1987:37-40.

[6] Wray M. Software architecture for real time control of the radar beam within MESAR[C]. Brighton, UK:International Conference Radar 92, 1992:38-41.

[7] Wells M C. MESAR adaptive nulling/digital adaptive architectures[C]. London, UK:IEE Colloquium on Adaptive Antennas, 1990, 2:1-4.

[8] Stafford W K. Real time control of a multifunction electronically scanned adaptive radar (MESAR)[C]. London, UK:IEE Colloquium on Real-Time Management of Adaptive Radar Systems, 1990, 7:1-5.

[9] Bradsell P. Phased arrays in radar[J]. Electronics & Communication Engineering Journal, 1990, 2(2):45-51.

[10] Billam ER. MESAR-the application of modern technology to phased array radar[C]. London, UK:IEE Tutorial Meeting on Phased Array Radar, 1989, 5:1-16.

[11] Corvette O. Heads for Blue-Water Operation[J]. International Defense Review, 1996.

[12] Orders T. Shipboard Radars from Signal[J]. Journal of Defense Electronics, 1996.

[13] Foxwell D. New Naval Radars:Active Arrays on the Horizon[J]. International Defense Review, 1992, 10:945-956.

[14] Miller D. Germany's Type 123 Frigate[J]. International Defense Review, 1995, 10:63-66.

[15] Hewish M, Lok J J. Naval Surveillance Fixes Gaze on a New Breed of Radar[J]. International Defense Review, 1998, 10:24-32.

[16] Skolnik M I. Improvements for Air-Surveillance Radar[C]. Waltham, MA, USA:Proceedings of the 1990 IEEE Radar Conference, 1900:18-21.

[17] Royal Netherlands Navy orders Signal's Smart-L radar[EB/OL]. http://www.signal.thomson-csf.com/.

[18] 徐产兴. 英国舰载有源多功能相控阵雷达MESAR[J]. 雷达与对抗, 1994, 1:6-18.

[19] 查林. 数字阵列雷达技术在舰载综合射频系统中的应用[J]. 舰船电子对抗, 2011, 34(3):9-12.

[20] Paolillo P W, Saxena R, Garruba J, et al. E-2D Advanced Hawkeye:Primary Flight Display

[C]. Kissimmee,FL,United states:Proceedings of SPIE-The International Society for Optical Engineering Defense,Security,Cockpit,and Future Displays II,2006.

[21] Gething M J. Northrop Grumman proceeds with USN E-2D Hawkeye programme[J]. Jane's Navy International,Nov. 2005.

[22] 立平. 先进 E-2D Hawkeye 预警机动态[J]. 航天电子对抗,2005,4:17.

[23] Rai E,Nishimoto S,Katada T,et al. Historical Overview of Phased Array Antenna for Defense Application in Japan[C]. Boston,MA,USA:1996 IEEE InternationalSymposium on Phased Array Systems and Technology,1996:217-221.

[24] Miyauchi H,Shinonaga M,Takeya S,et al. Development of DBF Radar[C]. Boston,MA,United states:1996 IEEE InternationalSymposium on Phased Array Systems and Technology,1996:226-230.

[25] Schaefer C,Heer C,Ludwig M. Advanced C-Band Instrument Based on Digital Beamforming[C]. Germany:In EUSAR 2010,June 2010:257-260.

[26] Sadowy G A,Ghaemi H,Hensley S C. First results from an airborne Ka-band SAR using SweepSAR and digital beamforming[C]. Germany:In EUSAR 2012,April 2012:1-6.

[27] Schaefer C,Heer C,Ludwig M. X-Band Demonstrator for Receive-only Frontend with Digital Beamforming[C]. Germany:In EUSAR 2010,June 2010:1174-1177.

[28] Fischer C,Heer C,Werninghaus R. X-Band HRWS Demonstrator Digital Beamforming Test Results[C]. Germany:In EUSAR 2012,April 2012:1-6.

[29] Krieger G,Younis M,Gebert N,et al. Advanced Digital Beamforming Concept for Future SAR System[C]. Honolulu,HI,United states:In IGARSS2010,2010:245-248.

[30] Rincon Rafael F. Reconfigurable L-Band Radar[C]. In Proceedings of the 5th European Radar Conference,Amsterdam,Netherlands,October 2008:104-107.

[31] Younis M,Huber S,Patyuchenko A,et al.. Digital beam-forming for spaceborne reflector-and planar-antenna SAR-A system performance comparison[C]. Cape Town,South Africa:In IGARSS2009,2009:733-736.

[32] Mar J,Lin Y. Implementation of SDR Digital Beamformer for Microsatellite SAR[J]. IEEE Geoscience and Remote Sensing Letters,2009,6(1):92-96.

[33] 葛建军. 机载预警雷达的未来发展[J]. 雷达与探测技术动态,2009,6:68-71.

[34] Wu M. Digital array radar:Technology and trends[C]. Chengdu,China:Proceedings of 2011 IEEE CIE International Conference on Radar,2011:1-4.

[35] Chappell W,Fulton C. Digital Array Radar panel development[C]. Boston,MA,United states:IEEE International Symposium on Phased Array Systems and Technology,2010:50-60.

[36] 吴曼青. 数字阵列雷达的发展与构想[J]. 雷达科学与技术,2008,6(6):401-405.

主要符号表

A	侧滑角
$A(n_x, n_y)$	口径分布
$A(x_m, y_n)$	天线阵列的激励
$\boldsymbol{A}(\theta)$	阵列流形
$\boldsymbol{A}$	方向矢量
$\boldsymbol{a}(\theta)$	导向矢量
$\boldsymbol{a}(\theta_0)$	信号导向矢量
a_i	第 i 个加权系数
B	接收机带宽
	阵面安装角
B_0	探头的输出
B_{3dB}	滤波器的 3dB 带宽
B_n	多普勒带宽
B_r	接收机带宽
C	储能电容
$\boldsymbol{C}$	补偿矩阵
	杂波矢量
$\boldsymbol{C}(\theta, \varphi, n_x, n_y)$	修正矩阵
CA	杂波抑制度或对消比
C_i'	对消器输入杂波功率
C_o'	输出杂波功率
D	接收机动态范围
$D(k_x, k_y)$	近场分布的二维傅里叶变换
D_0	检测因子
D_{ar}	模拟相控阵雷达接收机的瞬时动态
D_{CI}	多脉冲积累得益
D_{DBF}	DBF 处理得益
D_{DPC}	数字脉压得益

符号	含义
D_{dr}	数字相控阵雷达单通道接收机瞬时动态
D_f	接收机带宽失配动态要求增加量
D_F	接收机带宽与信号带宽失配要求的动态增加量
DR_{-1}	1dB 压缩点动态范围
DR_{ADC}	理想 ADC 动态范围
D_{RCS}	目标有效反射截面积(RCS)变化引入的动态
DR_{SFDR}	无失真信号动态范围
D_r	接收系统动态范围
D_R	目标回波功率随距离变化引入的动态
D_r	目标回波信号随距离远近的变化范围
$D_{S/N}$	目标检测所需信噪比
D_σ	目标 RCS 变化范围
d	电压顶降
	阵元间距
$d(t)$	期望信号
d_x	水平间距
d_y	垂直间距
E	阵列环境中的有源单元波瓣
$E(\theta,\varphi)$	带有修正因子的方向图
$E[\cdot]$	求期望
Er_h	接收波束加权引起的方位波束展宽系数
Er_v	接收波束加权引起的俯仰波束展宽系数
Et_h	发射波束加权引起的方位波束展宽系数
Et_v	发射波束加权引起的俯仰波束展宽系数
$F(\phi,\theta)$	天线方向图
$F(\alpha_x,\alpha_y)$	方向图
$F(\theta)$	方向图计算公式
	输出信号幅度
$F(\theta,\phi)$	二维阵因子
F_H	载机巡航高度
F_n	噪声系数
f_d^∞	远程杂波的多普勒频率
$f(\theta,\varphi)$	天线单元波瓣
$f(\theta,\phi)$	阵列天线单元的辐射方向图函数
f_a	模拟输入信号频率

符号	含义
f_{clock}	DDS 输入时钟频率
f_c	系统时钟频率
f_{d0}	归一化多普勒频率
f_d	多普勒频率
$f_e(\varphi,\theta)$	幅度加权系数
$f_e(\theta,\varphi)$	幅度加权系数
f_o	输出频率
f_{out}	输出频率
G	放大器增益或变频/滤波器损耗的倒数
	接收机增益
	自适应波束形成的输出
$G(\theta,\phi)$	波束方向图函数
G_0	小信号线性增益
$G_{\max}$	最高增益
$G_{\min}$	最低增益
G_r	接收增益
G_t	发射增益
H	雷达高度
	载机高度
HD_n	n 次谐波失真
$\text{I}_0(z)$	第一类变形 0 阶 BESSEL 函数
I_p	峰值电流
I'	改善因子
IF	改善因子
IM_{m+n}	$(m+n)$ 阶交调系数
J	干扰源个数
K	采样步长
	稳定系数
k	玻耳兹曼常数
	比例因子
	频率控制字
	移相器位数
L	处理的距离门数
	分块数
	系统损耗

L_0	协方差矩阵估计所用的距离样本数
L、H	阵面尺寸(长、高)
M	阵元个数
	识别因子
	同时接收多波束数
M_l	第 l 块对应单元数
N	累加器的长度
	天线单元的个数
	阵元个数
$\boldsymbol{N}(t)$	噪声矢量
N_{ADC}	ADC 等效输出噪声功率
N_q	理想的量化噪声
N_s	ADC 输出噪声
N_t	热噪声
N_{x0}	水平方向单元数
N_{y0}	垂直方向单元数
NF_{ADC}	ADC 的噪声系数
NF	噪声系数
n	A/D 位数
	相位累加器的位数
$\boldsymbol{n}$	噪声矢量
P	幅相误差的大小与所能达到某一副瓣电平(SL_P)指标概率的统计关系
	载机提供的功耗
	自适应处理的维数
$P(\theta)$	波束方向图函数
P_{1dB}	1dB 压缩点输出功率
P_{av}	平均发射功率
P_{DC}	提供给晶体管的直流功率
P_{i-1}	产生 1dB 压缩时接收机输入端的信号功率
P_{in}	输入功率
P_{m+n}	$(m+n)$ 阶交调功率
P_{max}	ADC 最大功率
P_{o-1}	产生 1dB 压缩时接收机输出信号功率
P_{osf}	接收机三阶互调信号等于最小可检测信号时接收机输出的最大信

	号功率
P_{out}	功率放大器的射频输出功率
	输出功率
$P_{out(f_0)}$	基波信号输出功率
$P_{out(nf_0)}$	n 次谐波输出功率
P_r	接收机内部噪声折合到输入端有效噪声功率
PAE	功率附加效率
p	能正常工作的天线单元的比例
Q	量化电平
R	斜距
$\boldsymbol{R}$	杂波加噪声相关矩阵
$\hat{\boldsymbol{R}}_J$	干扰波束的估计协方差矩阵
$\hat{\boldsymbol{R}}_n$	噪声的相关(协方差)矩阵
$\hat{\boldsymbol{R}}$	估计的杂波加噪声相关矩阵
$\boldsymbol{R}_c$	杂波相关矩阵
$\boldsymbol{R}_k$	降维的协方差矩阵
R_{max}	最大作用距离
$\boldsymbol{R}_s$	信号的相关矩阵
$\boldsymbol{R}_x$	输入信号的相关矩阵
rect(·)	矩形窗函数
$\boldsymbol{r}_{SJ}$	主波束与干扰波束之间的互相关矢量
$\boldsymbol{S}$	空时导向矢量
$\boldsymbol{S}(k)$	探头的矢量接收特性
$\boldsymbol{S}(t)$	信号复包络矢量
S/N	信噪比
S_i/N_i	接收机输入信噪比
S_o/N_o	表示输出信噪比
$\boldsymbol{S}_s(\omega_s)$	空域导向矢量
$\boldsymbol{S}_t(\omega_t)$	时域导向矢量
SL_P	副瓣电平
SL_T	理论设计的副瓣电平指标
SNR_{dBFS}	理想 ADC 最大信噪比
$\bar{S}_o/S_i$	信号增益
$s(t)$	理想 DDS 模型经过 DAC 后输出信号数学表达式

符号	含义
$s(t)$	信号复包络
$s(t,r)$	窄带信号的空域表示
$s(\omega)$	$s(t)$傅里叶变换得到的频谱
$\boldsymbol{s}_{tk}$	降维的目标时间导向矢量
$\boldsymbol{s}_t$	时间导向矢量
$\boldsymbol{T}$	加权傅里叶变换矩阵
$T(k)$	待测天线的平面波谱(远场方向图)
T_0	基准噪声温度
T_1	热力学温度
$\boldsymbol{T}_{1dt}$	1DT方法的降维矩阵
$\boldsymbol{T}_{3dt}$	3DT方法的降维矩阵
T_e	接收机内部噪声折合到接收机输入端噪声温度
$\boldsymbol{T}_{Ward}$	Ward方法的降维矩阵
t_r	脉冲从10%上升到90%峰值电平所需的上升时间
u	uv平面坐标轴
V_{cc}	工作电压
V_{p-p}	峰-峰值
v_a	载机相对空气的速度
v	uv平面坐标轴
	载机地速
v_w	风速
W	加权系数
$\boldsymbol{W}$	波束形成加权系数矢量
	理想矩阵
	权矢量
	信号所加的权矢量
W_k	第k个波束形成系数
$\boldsymbol{W}_{opt}$	最优权
	最优自适应权矢量
$\boldsymbol{w}_c(\varphi,\theta,x,y)$	变换矩阵
w_{klm}	第k个波束对应的第l分块中第m单元的波束形成系数
$\boldsymbol{X}(t)$	输入信号矢量
$\boldsymbol{X}_s(k)$	N个等效阵元在第k个脉冲时刻的采样数据
$x(t)$	接收信号
$\boldsymbol{x}$	空时数据快拍矢量

符号	说明
$x_i(t)$	第 i 个阵元的接收信号
x_{nk}	第 n 个子阵第 k 个脉冲的数据
$\boldsymbol{x}_n$	第 n 个子阵的脉冲数据矢量
Y	威力覆盖图边界值对覆盖范围的比值
$y(t)$	空域滤波器输出结果
$y_j(t)$	干扰波束 j 的输出
$y_k(t)$	第 k 个波束形成的输出
$y_M(t)$	主波束的输出
Z_L	负载阻抗
Z_S	信号源阻抗
z_{nk}	第 n 个子阵第 k 个多普勒通道的输出数据
α_{ik}	第 (i,k) 个天线单元的幅度加权系数
α	天线轴向和速度 v 的夹角
β	散射体相对于天线阵面的方位角
$[\Delta\phi_{ik}]_{M\times N}$	第 (i,k) 单元接收信号的"空间相位"矩阵
ΔA_1	初始补偿值
ΔG	最高增益和最低增益之差
ΔNF	ADC 对噪声系数的恶化量
Δt_{rms}	孔径抖动均方根值
Δa_m	幅度误差
Δf_{min}	最小频率分辨率
$\Delta \phi_m$	相位误差
$\Delta \phi_{min}$	最小相移量
$\Delta \phi_{Bik}$	第 (i,k) 个天线单元相对参考单元即第 $(0,0)$ 号提供的相移量
$\Delta \phi_{B\alpha}$	水平方向相邻单元之间的相位差
$\Delta \phi_{B\beta}$	阵内移相器在垂直方向相邻单元之间的相位差
ϕ	俯仰角
	球坐标方位角
ϕ_m	方位扫描最大范围
φ	散射体相对速度的夹角
$\varepsilon(\theta,\varphi)$	综合各类随机误差大小的参数
$|\Gamma|$	反射系数的模
η_P	功率放大器的功率效率
η	雷达效率
	天线的口径效率

θ		波达方向角
		方位角
		球坐标俯仰角
θ_0		波束形成指向
θ_B		主波束的方向
θ_j		干扰方向
θ_m		俯仰扫描最大范围
θ_{r_h}		接收方位波束宽度
θ_{r_v}		接收俯仰波束宽度
θ_{t_h}		发射方位波束宽度
θ_{t_v}		发射俯仰波束宽度
λ		雷达工作波长
λ_{max}		矩阵对$(\boldsymbol{R}_s, \boldsymbol{R}_n)$的最大特征值
ρ		驻波比
ρ_α		回波损耗
σ_A		馈电幅度误差的均方根值
σ_P		综合的馈电相位误差的均方根值
σ_R		均方副瓣电平
σ_n^2		噪声功率
τ		脉冲宽度
ω		角频率
ω_0		入射波频率
ω_s		空域角频率
ω_t		归一化时域角频率
ψ		散射体相对天线轴向的夹角
ψ_f		发射波束指向
$(\cdot)^H$		共轭转置
$(\cdot)^T$		转置
$\odot$		Hadamard 积

缩略语

1DT	1 Doppler Time Space Adaptive Processing	一多普勒通道先时后空自适应处理
3DT	3 Doppler Time space Adaptive processing	三多普勒通道先时后空自适应处理
AA	Adaptive-Adaptive	自适应-自适应
ACE	Adaptive Coherence Estimation	自适应相干估计
ACR	Auxiliary Channel Receiver	辅助通道接收机
ADBF	Adaptive Digital Beamforming	自适应数字波束形成
ADC	Analog to Digital Converter	模数转换器
AESA	Active Electronically Scanned Array	有源相控阵
AHE	Advanced Hawk Eye	先进鹰眼
AMB	Agile Multi-beam	捷变多波束
BIT	Built in Test	机内测试
BJT	Bipolar Junction Transistor	双极型晶体管
BMD	Ballistic Missile Defence	弹道导弹防御
CFAR	Constant False Alarm Rate	恒虚警率
CPI	Coherent Processing Interval	相干处理时间
CSM	Cross Spectral Method	互谱法
DAA	Digital Antenna Array	数字天线阵列
DAC	Digital to Analog Converter	数模转换器
DAGC	Delayed Automatic Gain Control	延迟自动增益控制
DAM	Digital Array Module	数字阵列模块
DAR	Digital Array Radar	数字阵列雷达
DBF	Digital Beamforming	数字波束形成
DDC	Digital Down Conversion	数字下变频

DDS	Direct Digital Frequency Synthesis	直接数字频率合成
DERA	Defence Evaluation and Research Agency	英国国防评估与研究局
DPCA	Displaced Phase Center Array	相位中心偏置天线
ELRA	Electronic Radar	电子雷达
ESB	Eigen Space Based	基于特征分解
ESPRIT	Estimating of Signal Parameters via Rotational Invariant	旋转不变子空间
FET	Field Effect Transistor	场效应晶体管
FFT	Fast Fourier Transform	快速傅里叶变换
FMCW	Frequency Modulated Continuous Wave	调频连续波
FPGA	Field Programmable Gate Array	可编程逻辑器件
GMB	Generalized Adjacent Multi-beam Method	广义相邻多波束法
GPS	Global Position System	全球定位系统
GSC	Generalized Sidelobe Cancellation	广义旁瓣相消
HFET	Heterojunction Field Effect Transistor	异质结场效应晶体管
HPC	High Performance Computer	高性能计算机
IDPCA	Inverse Displaced Phase Center Array	逆相位中心偏置天线
IID	Independent Identical Distribution	独立同分布
JDL	Joint Domain Localized	局域联合处理
LCMV	Linearly Constrained Minimum Variance	线性约束最小方差（准则）
LNA	Low-noise Amplifier	低噪声放大
LPF	Low Pass Filter	低通滤波器
MCARM	Muti-Channel Airborne Radar Measurements	多通道机载雷达测量
MESAR	Multi Function Electronically Scanned Adaptive Radar	多功能电扫描自适应雷达
MMIC	Monolithic Microwave Integrated Circuit	单片微波集成电路
MMSE	Minimum Mean Square Error	最小均方误差
MTI	Moving Target Indication	动目标显示
MUSIC	Multiple Signal Classification	多重信号分类
MVDR	Minimum Variance Distortionless Response	最小方差无失真响应

NCO	Numerically Controlled Oscillation	数控振荡器
NCTR	Non-cooperative Target Recognition	非合作目标识别
NHD	Non-homogeneity Detection	非均匀性检测器
ONR	Office of Naval Research	美国海军研究局
PAE	Power Added Efficiency	功率附加效率
PRF	Pulse Repetition Frequency	脉冲重复频率
RCS	Radar Cross Section	雷达截面积
RMS	Root Mean Square	均方根
ROM	Read-only Memory	只读存储器
ROTHR	Relocatable Over-the-horizon Radar	可移动式超视距雷达
RSTER	Radar Surveillance Technology Experimental Radar	雷达监视技术试验雷达
SAR	Synthetic Aperture Radar	合成孔径雷达
SFDR	Spurious Free Dynamic Range	无杂散动态范围
SINR	Signal to Interference and Noise Ratio	信干噪比
SIP	System In Package	系统级封装
SMI	Sample Matrix Inverse	采样协方差矩阵求逆
SNDR	Signal-to-noise and Distortion Ratio	信号-噪声失调比
SoC	System on a Chip	片上系统
STAP	Space-Time Adaptive Processing	空时自适应处理
TBD	Track-before-detect	检测前跟踪
TSA	Temporal Spatial Adaptive	时空自适应
UAV	Unmanned Aerial Vehicle	无人机

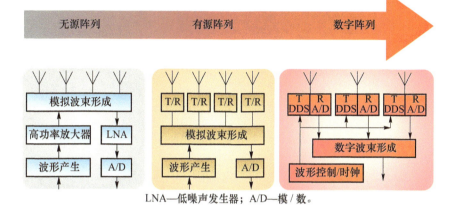

图 1.3 阵列雷达技术演进历程

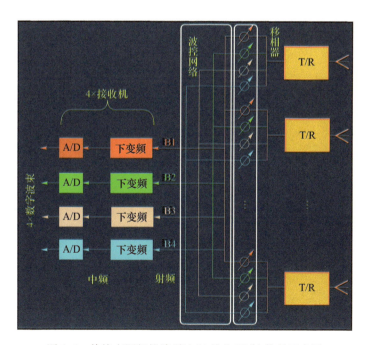

图 1.4 传统有源相控阵雷达(4 接收通道)信号示意图

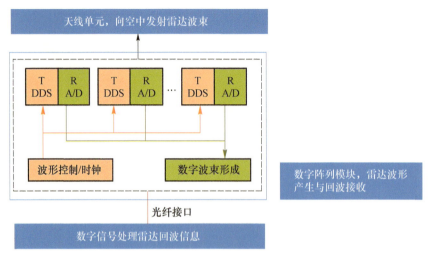

图1.5　数字阵列雷达主要信号流程框图

图1.6　将数字阵列技术用于美海军下一代战舰构想图

图 1.7 美国 E-2D 预警机

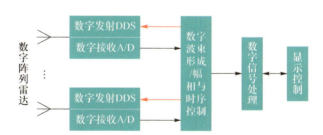

图 2.1 数字阵列雷达基本结构

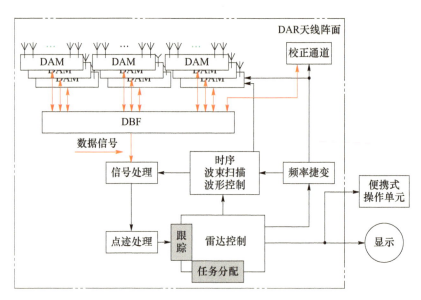

图 2.2 数字阵列雷达工作示意图

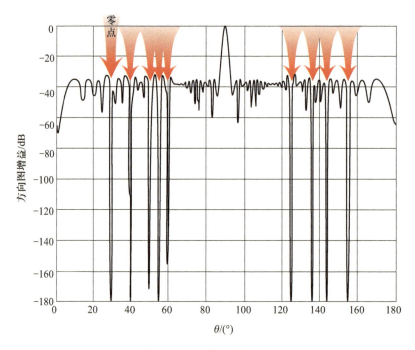

图 2.9 抗干扰得益示意图

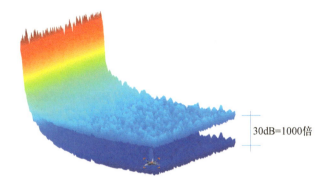

图 2.10 瞬时动态得益示意图

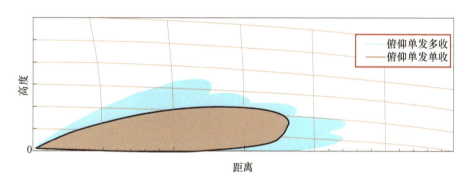

图 3.4 接收多波束扩展空域实现效果示意图

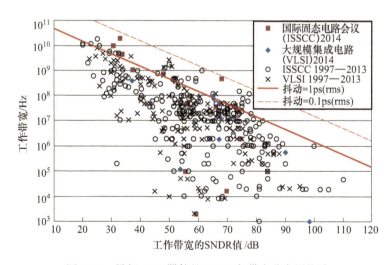

图 4.22 最新 ADC 器件的 SNDR 与带宽分布图统计

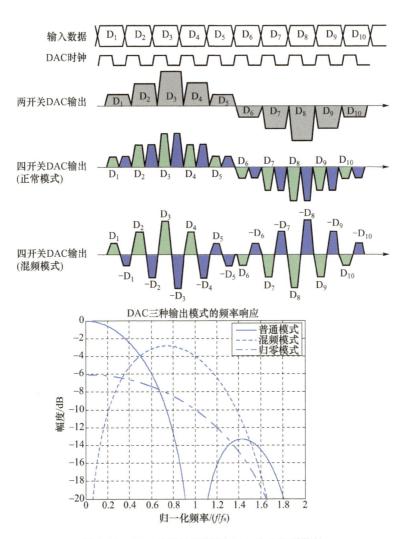

图 4.35　DAC 转换波形图和 DAC 输出频谱特性

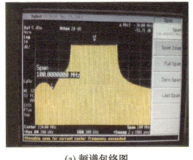

(a) 频谱包络图

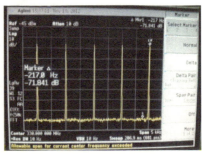

(b) 脉内信噪比

图 4.36　DDS 芯片输出测试结果

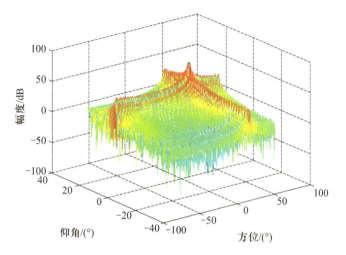

图 4.41 发射波束方向图(方位 30°,仰角 15°)

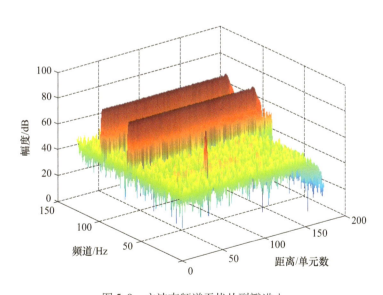

图 5.9 主波束频谱干扰从副瓣进入

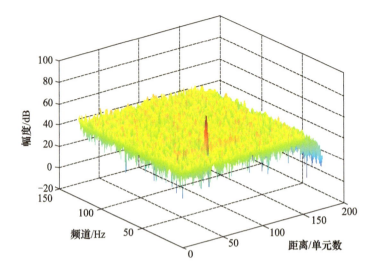

图 5.10　基于 AA 法的自适应干扰对消结果

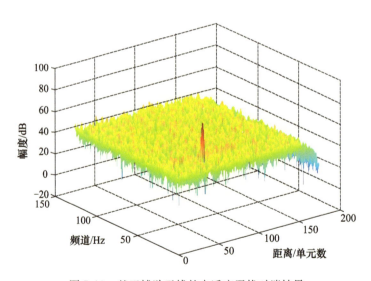

图 5.11　基于辅助天线的自适应干扰对消结果

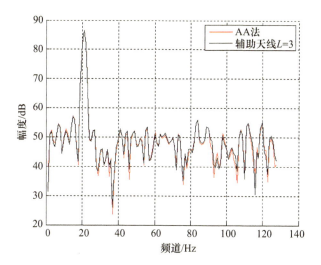

图 5.12 两种方法对消效果性能对比

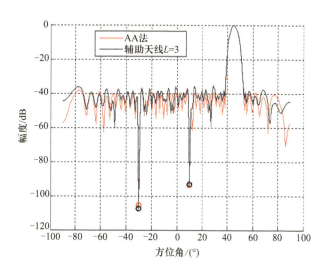

图 5.13 两种方法的自适应方向图对比

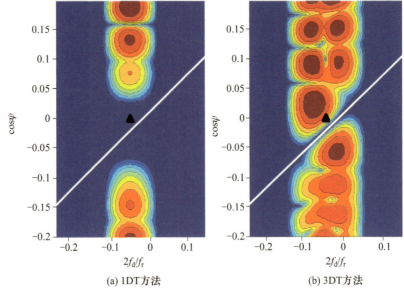

图 5.17　1DT 方法和 3DT 方法的频率响应

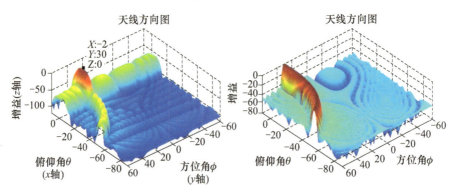

图 5.21　64×16 面阵和 64×1 线阵在方位角=30°时的方向图

图 6.1　ROTHR 发射站

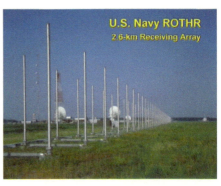
图 6.2　ROTHR 接收站

图 6.3 测试中的 MESAR 天线

图 6.4 "长颈鹿"雷达

图 6.5 "西格玛"级轻型护卫舰　　图 6.6 "卡亚"级轻型护卫舰

图 6.7　SMART-L 雷达天线的 24 行线阵

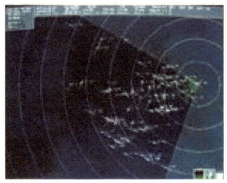

图 6.8　SMART-L 雷达目标显示画面

图 6.9　SMART-L 雷达

图 6.10　配备 SMART-L 雷达的"七省"级护卫舰

图 6.11　SMART-S 雷达

图 6.12　配备 SMART-S 雷达的"赫姆斯科克"改型护卫舰

图6.13　OPS-24 雷达　　　图6.14　配备 OPS-24 的"村雨级"多用途驱逐舰

图6.15　"海长颈鹿"雷达　　图6.16　配备"海长颈鹿"的"独立"级濒海战斗舰

图6.17　Sampson 雷达　　　图6.18　配备 Sampson 的45型驱逐舰

图 6.19 E-2D "先进鹰眼"

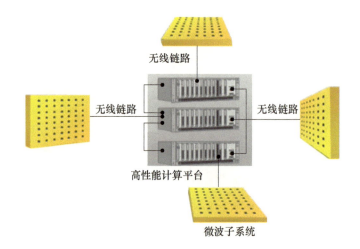

图 6.24 未来数字阵列雷达体系结构

(a) 新型战舰　　　　(b) 无人机平台　　　　(c) 平流层飞艇平台

图 6.25 未来多应用平台